명석·판명한 정신: 논리와 수학

정계섭 지음

KYOWOO CO. Publishing

敎友社

머리말

흔히 과학은 일반적인 현상을 취급한다고 말한다. 그래서 추상적인 학문의 전형인 수학이 구체적인 인간 현상의 복잡성을 파악하는데 효율적인 도구가 될 수 있는가의 여부는 상당한 논란을 불러 일으켰다.

인간적 현실은 지극히 구체적이고 정성적(qualitative)이어서 측정하기에 어려울뿐더러 설령 이에 이른다 하더라도 추상화의 반작용으로 인하여 연구대상의 핵심을 놓칠 수도 있기 때문이다. 그럼에도 불구하고 유럽에서 인문학과 수학간의 대화의 역사는 오래 전으로 거슬러 올라간다. 우리가 잘 아는 데카르트, 스피노자, 라이프니츠, 버클리 등 인문학의 대가들은 동시에 탁월한 수학자들이 아니었던가.

우리의 문제의식은 인문학을 위해 무엇이 '새로운 수학적 도구'일 수 있는가 하는 질문으로부터 출발한다. 그리고 만약 있다면 이 도구가 어떻게 활용되어야 하고 또한 어떤 정신 하에서 인문학의 연구대상에 응용할 수 있는가를 탐구하자는 것이다. '인문학을 위한 수학'을 구축하고자 하는 시도, 이것이 바로 우리가 하고자 하는 작업이다. 이는 인간적 실재를 수학에 꿰맞추자는 것이 아니라 수학이라는 방대한 세계에서 인문학 연구를 위해 적합한 도구와 방법을 탐색하는 일이다.

자연과학이든 인문학이든 무릇 모든 학문의 기본적인 요청은 객관성이다. 그런데 수학적 사고란 단순히 계산기술을 익히는 차원이 아니라 합리적 사고의 계발과 정합적 추론을 구성하는데 그 핵심이 있다. 그래서 어떤 종류의 논증이든 간에 모든 논변에서 객관성이라는 개념은 수학으로부터 유래한다고 우리는 생각한다. 이것이 바로 수학에 보편성을 부여하는 소이가 아닌가. 이 책은 이런 보편성을 인간현상의 연구에 도입하자는 의도에서 출발한다. 지난한 작업임에 틀림없지만, 구안지사(具眼之士)는 우리의 소박한 의도를 헤아려줄 것으로 믿는다.

이 책은 논리편과 인문수학편 2부로 구성되었다.

논리편에서는 연역절차를 중시해서 수형도방법(tree method)과 자연연역(natural deduction)을 집중적으로 다루었다. 서양학자들은 자신의 주장을 간명하게 제시하기 위해 논리언어로 표현하는 경우가 적지 않은데, 만일 논리언어의 문법을 모른다면 핵심을 놓치는 셈이 된다. 그래서 자연언어를 수리논리적인 언어로 번역하는 문제를 많이 실었다. 여기에서 자연언어 예문은 모호성을 감안해서 영어로 제시했는데 양해를 구한다.

그리고 국내에서는 잘 알려지지 않았지만 CAML등 프로그래밍 언어에서 그 진가가 발휘된 λ-연산을 소개한다.

제 2부의 첫 장은 소박한 집합론에 할애되었다. 집합론은 인문사회 분야에서 응용도가 가장 높은 분야로서, 이제 인문학 연구자에게는 선택이 아니라 필수과목이 되었다고 말해도 과언이 아닐 것이다.

2, 3장은 관계와 함수의 개념을 취급하는데, 이 개념들은 그 자체로 중요할 뿐 아니라, 학문에서 법칙이란 대개 관계식 내지 함수로 표상되기 때문에 이 개념들의 구사에 익숙해야 한다. 우리는 의식의 지평을 '인문학적 관점'에 두고 이 개념들에 접근하였다. 가령, 종래의 관계개념이 수학적 대상에 한정되었으나 우리는 이 대상을 확장하여, 2개 이상의 논항을 갖는 동사를 관계의 개념으로 파악하였다.

수학적 귀납법(4장)은 무한을 유한한 방식으로 매끄럽게 처리하기 때문에 수학적 방법론의 전형이라고 볼 수 있다.

기초적인 확률이론을 다루는 5장에서는 지금도 그 적용과 해석의 문제로 학자들의 토론주제가 되는 베이즈정리의 사회적, 법적 양상을 부각시키고자 했다. 에밀 졸라의 「나는 고발한다!」로 유명해진 '드레퓌스 사건' 당시 이 정리는 뿌엥까레의 개입으로 크게 사회의 주목을 받았다.

해석학은 기하학, 대수학과 더불어 수학의 3대축을 형성한다. 미적분에 대해서는 시중에 훌륭한 서적이 넘치기 때문에, 여기에서는(6장) 계산보다는 미적분의 인식론적 측면에 초점을 두었다.

그래프이론(7장)은 과학과 기술의 여러 분야에서 기본적인 도구가 되어왔으며, 정보이론, 선행계획, 과학적 조사연구(OR), 결정이론 등에서 성공적으로 적용되었다. 우리는 간단한 오토마타(automata)를 그래프를 원용하여 소개한다.

게임이론(8장)에서 자주 거론되는 것이 이른바 '죄수의 딜레마'인데, 이에 의하면 개인의 이성적인 선택은 상대방의 결정에 관계없이 신의보다는 변절을 하는 쪽이 언제나 이익이 된다는 우울한 결론에 이른다. 이렇게 되면 개인과 개인, 개인과 사회, 국가와 국가의 관계에서 공동이익을 실현하지 못하게 된다. 여기에서 우리는 협력이 서로에게 유리하다는 '윈-윈(win-win)' 모형을 소개하여 딜레마를 극복하는 방안을 모색하고자 한다.

필자는 유학시절 인문학을 하는 한국학생들이 자연과학을 전공하는 학생들에 비해 훨씬 더 고전하는 모습을 많이 보았다. 그 이유는 두 가지로 압축된다. 첫째는 절대 독서량이 부족하다는 것이고, 둘째는 서양학생과 비교해서 모든 학문의 정초가 되는 수학적 사고의 체계가 잡혀있지 않다는 점이다.

이 책이 이러한 사실에 대해 문제의식을 불러일으키고 나아가 수학의 개념과 도구를 각자 연구하는 주제에 적용할 수 있다면 이보다 큰 보람은 없을 것이다.

일찍이 공자는 '四十不惑'이라 했거니와, 필자는 40대에 이르렀을 때, 당시에는 넉넉하게 잡는다고 '五十不惑'을 목표로 잡아 평소 마음에 드는 글귀 내지 떠오르는 상념을 모아두었다. 이 책 여백에서 여기저기 나오는 글귀들은 이런 습관의 결과물이다. 필자는 언어가 지닌 마력적인 힘을 믿는 사람들의 편에 속한다.

유익한 조언과 성원을 아끼지 않은 광운대 허민 교수님, 어려운 여건에서도 출판을 허락하신 교우사 오판근 사장님, 그리고 도형과 수식을 다듬어주느라 애쓰신 편집진들에게 감사의 뜻을 전한다.

삼각산 자락에서

2007. 2

無作靜* 정계섭 합장

---

* 다음과 같은 염원에서 만들어진 필자의 아호(雅號).

바깥으로는 모든 인연을 쉬고(外息諸緣)
안으로는 마음의 헐떡거림 없애(內心無喘)
무작정(無作靜) 이루리!

차 례

논 리 편

I

명제논리

1.1 진리함수

20세기에 철학에서 가장 강력한 영향력을 행사한 학자로서 비트겐쉬타인을 지명한다면 별 이의는 없을 것 같다. 그의 이른바 전기(前期)를 대표하는 「논리철학논고」에서 그는 <그림이론>을 전개하였는데, 이는 언어와 실재(實在)가 공통의 논리적 형태를 지닌다는, 즉 언어는 실재를 거울처럼 반영한다는 이론이다. 명제계산은 바로 이런 형이상학을 전제하기 때문에 이를 간략하게 검토해 보도록 하겠다.

이 이론에 의하면, 언어는 명제들의 총체[1]이며, 세계는 사실(facts)들의 총체이다. 하나의 명제(분자)는 요소명제(원자)들의 결합으로 구성되며, 이에 대응하는 사실은 원자사실들로 구성된다.[2] 마지막 단계로서 요소명제는 이름들로 구성되고, 원자사실은 대상들로 구성되어 있다.

여기에서 원자사실과 관찰언명이라고도 불리는 요소명제 사이의 관계가 바로 '그림

1) 회귀원리에 의해 이것은 무한집합이다. 가장 큰 자연수가 없는 것과 같은 이유로 가장 긴 문장은 있을 수 없다.

2) 원자사실에는 두 종류가 있다.
  i. 개별자가 어떤 특성을 갖는 것 : Px
  ii. 둘 이상의 개별자들이 어떤 관계를 맺는 것 :
     R(a, b), R(a, b, c), …
  라이프니츠(Leibniz)의 단자론에 의하면 원자사실들 사이에는 아무런 필연적 관계도 성립하지 않기 때문에 그의 이론은 다원론의 출발점이 된다.

그리는 관계'이다. 이런 관계가 없으면 언어를 가지고 세계를 기술하는 일은 불가능할 것이다. 그래서 언어의 논리적 구조의 사실의 논리적 구조는 동형관계에 있는 것이다.

명제계산에서 분자(복합)명제나 요소명제 사이의 관계를 진리함수적 관계라고 하는데, 이것이 의미하는 바는 분자명제의 참 또는 거짓이 그것을 구성하고 있는 진술들의 참 또는 거짓에 의해서만 유일하게 결정된다는 것이다. 이를 외연성의 원리라고 한다. 명제논리는 어떻게 복합명제가 요소명제들의 진리함수가 되는가를 탐구하는 분야로서 요소명제들의 내용과는 무관하며 다만 복합명제의 형식이 문제가 된다. 그리고 고전적 형태에서 명제논리는 참과 거짓 두 가지의 값만을 인정하기 때문에 양가(兩價)논리로 통하고 있다.

편의상 p, q라는 명제변항을 도입하여 다음과 같은 두 개의 요소명제가 있다고 하자.

p : 철수는 노래한다.
q : 영희는 춤을 춘다.

이 두 문장은 연결사에 의하여 다양한 방식으로 하나의 문장으로 결합될 수 있다. 먼저 '그리고'라는 연결사를 고려해보자.[3)]

① : 철수는 노래하고 영희는 춤을 춘다.

이 새로운 문장은 이 명제를 구성하고 있는 두 개의 명제가 참일 때에 한해서 참이다. 이 복합명제가 거짓이 되려면 요소명제 중 하나가 거짓이면 충분하다.

p	q	$p \wedge q$
1	1	1
1	0	0
0	1	0
0	0	0

이제 "또는"이라는 다른 연결사를 취해보자.

3) 이제부터 통상적인 연결사들 즉 "∧" (그리고), "∨" (또는), "→" (if … then), "∼" (부정) 등의 기호를 도입한다. "1"은 참. "o"은 거짓을 가리킨다.

② : 철수가 노래하거나 영희가 춤을 춘다.

이 명제가 참이 되기 위해서는 요소 명제 중의 하나가 참이거나 둘 다 참일 경우이다. 이런 "또는" 결합사를 포함적 선언(inclusive disjunction)이라고 한다.

p	q	p∨q
1	1	1
1	0	1
0	1	1
0	0	0

배타적 선언(exclusive disjunction)은 'w'로 표현하고 요소명제 중 하나만이 배타적으로 참이어야 복합명제가 참이 된다.

p	q	pwq
1	1	0
1	0	1
0	1	1
0	0	0

전철의 노약자석은 포함적 선언에 해당되고, 커피와 차의 선택은 배타적 선언에 해당된다고 볼 수 있겠다.

이제 다음과 같은 명제를 만들어 보자.

③ : 철수가 노래하면 영희는 춤을 춘다.

이 복합명제는 어느 경우에 반박이 가능할까? 그것은 철수가 노래하는데 영희가 춤추지 않는 경우 오직 그런 경우뿐이다.

p	q	p→q
1	1	1
1	0	0
0	1	1
0	0	1

"→"는 논리적 함축이라고 한다. '함축'의 일반적인 의미가 사람들로 하여금 이것을 원인과 결과의 관계와 동일시하게 만드는데 이는 잘못이다. 논리학의 함축은 명제의 내용에 대해서는 개입하지 않기 때문에 인과관계와는 관련이 없다. "p → q"의 의미는 표에서 보는 것처럼 p가 참이면서 q가 거짓인 그 경우에만 거짓이라는 것이다. 또는 p가 거짓이거나 q가 참인 경우에 한해서 참이 된다는 것이다. 그래서 다음과 같은 복합명제가 참이라는 사실에 놀라서는 안된다.

④ : 만일 지구가 돈다면 고래는 포유류이다.
⑤ : 만일 2 + 2 = 5라면 서울은 프랑스의 수도이다.

명제계산에서 진리함수자가 아닌 문법적 연결사나 접속사에 대해서는 관여하지 않는다. 이런 접속사들로 만들어진 복합명제는 요소명제들의 진리함수가 아니기 때문이다. 다음의 명제를 보자.

⑥ : 그는 집에 있었다. 왜냐하면 비가 내렸기 때문이다.

이 명제는 두 구성요소가 참인 경우에 참이 된다. 그러나 이것만으로는 충분하지 않은데 여기에서 복합명제는 요소명제가 의미하는 사실들 사이에 인과관계를 주장하기 때문이다. 따라서 이럴 경우가 있을 수 있다. 즉, 그가 집에 있었다는 사실과 비가 내렸다는 사실이 모두 참이지만 인과관계는 아닌 경우 말이다. 즉 그는 외출금지령에 묶여 있었던 것이다! 그래서 "왜냐하면"이라는 연결사는 진리함수자가 아닌 것이다. 여기에서는 참과 거짓뿐만 아니라 내용까지도 관계하기 때문이다.

위 ③에서 "p → q"와 "q → p"가 동시에 성립할 때 동치(equivalence)라고 하며 양방향 화살표로 표기한다.

p	q	p → q
1	1	1
1	0	0
0	1	0
0	0	1

함축을 동치로 오인하는 추론상의 오류는 흔히 보는 사례이니 주의를 요한다.

이제까지 몇몇 2항 연산자를 살펴보았다. 1항 연산자인 부정(negation)이 진리함수자인 이유는 분명한데, p의 참, 거짓을 알면 명제 ~p의 진리값도 알 수 있기 때문이다.

p	~p
1	0
0	1

자연언어의 어휘적, 통사적 그리고 화용(話用)적 모호성 때문에 이를 논리언어로 번역하는 데에는 세심한 주의가 요구된다. 그러나 이런 작업은 자연언어의 기계(mechanism)를 이해하는 데에 많은 시사를 주므로 한번쯤은 통과해야 할 관문이다.

연습문제 I-1

※ 다음 문장들을 명제논리언어로 번역하라.

보 기

P: John dances.
Q: Mary dances.
R: Bill dances.
S: John is happy.
T: Mary is happy.
U: Bill is happy.

1. John is dancing but Mary is not dancing.
2. John's dancing is sufficient to make Mary happy.
3. John will not dance unless Mary is happy.
4. If Mary dances although John is not happy, Bill will dance.
5. Mary is not happy unless either John or Bill is dancing.
6. Although neither John nor Bill is dancing, Mary is happy.
7. Mary will be happy only if Bill is happy.
8. If Mary dances only if Bill dances and John dances only if Mary dances, then John dances only if Bill dances.
9. If John dances and so does Mary, but Bill does not, then Mary will not be happy but John and Bill will.
10. Provided that Bill is unhappy, John will not dance unless Mary is dancing.

1.2 체계적인 진리함수표

이제까지 가장 자주 쓰이는 연결사들에 대해 직관적으로 살펴보았다. 이런 서술적인 단계에 머무르지 않기 위해서 진리표에 대한 관점의 전환이 필요하다. 이제는 연결사에서 출발하지 않고 진리표에서 출발하여 각각의 진리값에 대응하는 결합사(연산자)들의 의미를 결정해야 한다.

p	q	p * q
1	1	( )
1	0	( )
0	1	( )
0	0	( )

이를 위해서는 경험적인 단계에서 화학에서 원소주기율표가 보여주는 바와 같은 체계적인 단계로 도약해야 한다. 그러자면 이론적인 가능성의 목록을 만들어야 하고 요컨대 경우의 수가 문제가 된다. 표에서 각각의 괄호에 올 수 있는 것은 참이나 거짓 두 가지이고, 또한 이것은 독립적인 사건이므로 가능한 조합의 수는 $2 \times 2 \times 2 \times 2 = 16$이 되어, 16개의 이론적인 연결사가 있는 것이다.

다음 표에서 처음으로 등장하는 연결사는 "|"(15)와 "↓"(5)인데, 앞의 것은 'sheffer의 막대기'로서 p와 q의 양립불가, 즉 p와 q가 동시에 참일 때 거짓이 됨을 의미하는 연결사이고, 뒤의 것은 p도 아니고 q도 아닌 경우에만 참이 되는 연결사이다. 이 밖에 "←"은 역함축을 나타내는 연결사이고 "↛"은 반함축을 의미함을 알 수 있다.

p	q	1	2	3	4	5	6	7	8	9	10	11	12	13	14	15	16
			∧	↛	↚	↓	(p)	(q)	↔	w	($\bar{q}$)	($\bar{p}$)	∨	←	→	|	
1	1	0	1	0	0	0	1	1	1	0	0	0	1	1	1	0	1
1	0	0	0	1	0	0	1	0	0	1	1	0	1	1	0	1	1
0	0	0	0	0	1	0	0	1	0	1	0	1	1	0	1	1	1
0	0	0	0	0	0	1	0	0	1	0	1	1	0	1	1	1	1

이상의 16가지 경우는 똑같은 중요성을 지니는 것이 아니라, 몇 개의 연결사들은 별도로 취급되어야 할 것이다.

우선 (1)과 (16)은 각각 모순(contradiction)과 동어반복(tautology)으로서 이런 명제의 진리치는 요소명제들의 참이나 거짓에 의존하지 않는다. 따라서 이들은 진리함수자가 아니다. 그 다음 (6), (7), (10), (11)도 진정한 2항 연산자가 아니다. 여기에서 연결사들이 구성하는 명제는 두 요소 명제 중 한 가지에만 의존하기 때문이다. 이 연결사들은 두 명제 p, q 중 단지 하나를 긍정하거나 부정하는 데에 귀착된다.

6개의 연결사를 제외하면 10개가 남는데 이들은 두 개의 대칭그룹으로 나누어지고, 서로 대칭인 연결사들은 부정(negation)에 의해 정의될 수 있으므로 연결사는 5개면 충분하다. 이 5가지 중에서 연언(∧), 선언(∨), 함축(→) 등 3가지 연결사들이 가장 중요하게 간주되는데 이 기본 연결사와 부정(negation)으로 모든 2항연산자를 정의할 수 있기 때문이다.

1.3 통사론

이제까지 우리는 직관적인 방식으로 그리고 통사론과 의미론의 구분없이 명제논리를 취급해 왔으나 이제부터 보다 엄밀한 정의를 도입하고자 한다. 통사론은 하나의 논리식이 문법적으로 제대로 된 문장(well formed formula)인지 아닌지를 규정해주며, 의미론은 그 문장이 참인지 거짓인지를 점검한다.

명제언어의 문법은 복잡하지 않다. 이 문법은 알파벳과 통사규칙 두 부분으로 구성되어 있다.

● 알파벳

① 명제변수들의 집합 : p, q, r, s, t, …

② 논리기호 : ~, ∧, ∨, →, ↔

③ 괄호 :), (

● 통사규칙

① 모든 명제변수는 명제를 나타낸다.

② p가 명제이면, ~p도 명제이다.

③ p와 q가 명제이면, $(p \wedge q)$, $(p \vee q)$, $(p \rightarrow q)$, $(p \leftrightarrow q)$도 명제이다.

이 규칙들로부터 $(p \vee q($라든가 $\rightarrow p$ 등은 정문(well formed formula)이 아님을 금방 알 수 있다. 문제는 보다 복잡한 경우에 있다. 요소명제들로부터 만들어진 복합명제 또한 보다 복잡한 결합 속에서는 하나의 요소로서 작용할 수 있기 때문에 이러한 단계적 구성에서 서열을 혼동하지 않아야 한다. 가장 흔한 구조화 방식은 괄호를 사용하는 것이다.

$$(((p \vee q) \supset r) \wedge \sim r) \supset \sim (p \vee q)$$

각 연결사의 위계적 질서는 연결사를 둘러싸고 있는 괄호의 수에 반비례함을 알 수 있다. 나아가서 괄호의 수를 줄일 수 있는 방법이 있다.

① 부정의 경우 상단의 횡선은 괄호의 역할을 병행한다.
$\overline{p \vee q}$는 $\bar{p} \vee \bar{q}$와 같지 않다.
몇 개의 부정이 결합하는 $\overline{\bar{p} \vee q}$ 형태도 가능하다.

② 연결사들의 '접착력'은 1. 부정, 2. 연언, 3. 선언, 4. 함축, 5. 동치의 순서로 보고 있다. 그래서 $p \vee q \cdot r$은 $(p \vee q) \cdot r$이 아니라 $p \vee (q \cdot r)$이다. 이런 방식으로 위의 식의 괄호를 제거하면 보다 읽기 쉬운 논리식이 된다.

$$(p \vee q \supset r) \cdot \bar{r} \supset \overline{p \vee q}$$

1.4 의미론

명제논리에서 한 명제의 진리치는 참이나 거짓 둘 중 하나의 값만을 갖는다. 때론 1과 0으로 대체하기도 한다. 여기에는 고전논리를 지배하는 몇 개의 원리가 들어 있다.

첫째, 오직 두 개의 진리값만 있고 그 이상도 그 이하도 아니다. 이를 양가(兩價)의 원리라고 한다.

둘째, 각각의 명제는 진리값을 지닌다. 즉 진리값이 없는 명제는 없다. 이를 앞의 양가의 원리와 결합하면 제 3의 가능성을 배제하는 배중률(排中律)이 된다.

셋째, 한 명제는 두 개의 진리값을 취할 수 없다. 만일 그러하다면 하나의 명제가 동시에 참도 되고 거짓도 되기 때문이다. 이것은 모순률(矛盾律)이 금하는 바이다.

끝으로, 복합명제의 진리치는 요소명제들의 진리치에 의해 결정된다는 진리함수의 개념이 중요하다. 우리는 이 개념을 이미 앞에서 보았다.

명제논리의 의미론이란 명제를 해석하는 작업을 말하는데 명제를 해석한다는 것은 곧 그 명제에 진리치를 부여한다는 것이다. 하나의 명제를 해석하기 위해서는 이 명제를 구성하고 있는 각각의 원자명제를 해석해야 한다. 원자명제 $p_1, p_2, \cdots, p_n$들의 집합의 해석이란 $\{p_1, p_2, \cdots, p_n\}$을 참 또는 거짓이 되게 하는 함수 I에 의해 p_i에 부여된 진리값(true 또는 false)이다. 이런 해석을 모든 종류의 복합명제에 적용할 수 있다.

$I(p \wedge q) =$ ┌ 만일 $I(p) = I(q) =$ 참이면 참
└ 그렇지 않으면 거짓

$I(p \vee q) =$ ┌ 만일 $I(p) = I(q) =$ 거짓이면 거짓
└ 그렇지 않으면 참

$I(\sim p) =$ ┌ $I(p) = f$ 면 참
└ 그렇지 않으면 거짓

$I(p \rightarrow q) =$ ┌ 만일 $I(p)$가 거짓이거나 $I(q)$가 참이면 참
└ 그렇지 않으면 거짓

$I(p \leftrightarrow q) =$ ┌ $I(p) = I(q)$면 참
└ 그렇지 않으면 거짓

이제 우리는 복합명제의 진리값을 계산할 준비가 되었다. 다음과 같은 간단한 명제를 보자.

$$(p \supset q) \supset (p \cdot \bar{q})$$

중요한 것은 가장 종속된 연결사로부터 시작해서 단계적으로 올라가야 한다는 것이다.

여기에서는 부정으로부터 시작해서 연언, 그리고 첫 번째 함축으로 가서 그 다음 중간에 있는 함축연결사에서 분석이 끝난다.

p	q	$\bar{q}$	$p \supset q$	$p \cdot \bar{q}$	$(p \supset q) \supset (p \cdot q)$
1	1	0	1	0	0
1	0	1	0	1	1
0	1	0	1	0	0
0	0	1	1	0	0

주어진 식이 참이 되는 경우는 두 번째 줄이다. 이 때의 진리치 할당, 즉 $I(p) = 1$과 $I(q) = 0$을 이 식의 모델이라고 한다.

1.5 항진명제(tautology)와 모순

하나의 해석을 하나의 "가능세계"라고 볼 때 주어진 논리식이 참이 되는 세계가 있는지를 알아봐야 하는데 그런 세계를 모델이라고 한다. 모든 세계에서 참이 되는 논리식이 바로 항진명제(tautology)이다.

명제기호가 A 속에 나타나는 언어를 $\mathcal{L}(A)$라고 할 때, A가 논리법칙인지 알아보기 위해서는 $\mathcal{L}(A)$에 대한 상이한 모델들을 고찰해야 한다. 이때 모델의 수는 A 속에 나타나는 명제의 수에 달려 있다. 만일 A가 또 하나의 명제 예컨대 p만 지니고 있다면 $\mathcal{L}(A)$에 대해 다음과 같은 두 개의 모델 M_1, M_2가 있다.

$$M_1(p) = 1$$
$$M_2(p) = 0$$

만일 A가 p와 q 두 명제를 가지고 있다면 $\mathcal{L}(A)$에 대해 다음과 같은 4개의 모델이 존재한다.

$$M_1(p) = 1 \text{ 그리고 } M_1(q) = 1$$
$$M_2(p) = 1 \text{ 그리고 } M_2(q) = 0$$
$$M_3(p) = 0 \text{ 그리고 } M_3(q) = 1$$
$$M_4(p) = 0 \text{ 그리고 } M_4(q) = 0$$

일반적으로 A가 n개의 명제를 지니고 있으면 $\mathcal{L}(A)$에 대해 2^n개의 모델이 존재한다. 모든 모델에서 참이 되는 식이 논리법칙이고, 모든 모델에서 거짓이 되는 식이 모순[4]이다. 아래에 명제논리의 대표적인 법칙을 소개한다.

① 동일률 : $p \leftrightarrow p$
② 모순율 : $\overline{p \cdot \overline{p}}$
③ 배중률 : $p \vee \overline{p}$
④ 이중부정 : $\overline{\overline{p}} \leftrightarrow p$

● 교환율, 결합률, 분배율

① 교환율 : $(p \vee q) \leftrightarrow (q \vee p)$
② 결합률 : $(p \vee q) \vee r \leftrightarrow p \vee (q \vee r)$
③ 분배율 : $p \cdot (q \vee r) \leftrightarrow (p \cdot q) \vee (p \cdot r)$
$p \vee (q \cdot r) \leftrightarrow (p \vee q) \cdot (p \vee r)$

● 연결사 변환

① $\overline{p \cdot q} \leftrightarrow \overline{p} \vee \overline{q}$
② $p \vee q \leftrightarrow \overline{p} \cdot \overline{q}$
③ $p \supset q \leftrightarrow \left[\begin{array}{l} \overline{p} \vee q \\ \overline{p \cdot \overline{q}} \end{array} \right.$
④ $p \leftrightarrow q \leftrightarrow \left[\begin{array}{l} (p \supset q) \cdot (q \subset p) \\ (p \cdot q) \cdot (\overline{p} \cdot \overline{q}) \end{array} \right.$

4) $(p \wedge \sim p)$, $(p \leftrightarrow \sim p)$, $((\sim p \vee \sim q) \leftrightarrow (p \wedge q))$, $\sim(p \leftrightarrow p)$ 등은 모두 모순 명제들이다.

● 함축(implication)에 관련된 법칙

① 함축의 전이성 : $((p \supset q) \cdot (q \supset r)) \supset (p \supset r)$
② 귀류법 : $((p \supset q) \cdot (p \supset \overline{q})) \supset \overline{p}$
③ $q \supset (p \supset q)$[5]
④ $\overline{p} \supset (p \supset q)$[6]
⑤ Modus ponens : $((p \supset q) \cdot p) \supset q$
⑥ Modus tollens : $((p \supset q) \cdot \overline{q}) \supset \overline{p}$
⑦ Modus ponendo-tollens : $((\overline{p \cdot q}) \cdot p) \supset \overline{q}$
⑧ Modus tollendo-ponens : $((p \vee q) \cdot \overline{p}) \supset q$

1.6 논리식의 열(sequence)과 논리적 귀결

이제부터 추론을 형식화하는 방법을 알아보겠다. 추론이란 이미 참이라고 알려진 일군의 명제들로부터 논리적 귀결을 연역하는 작업이다.

만일 F의 논리식들의 모든 모델이 g의 모델일 때 논리식의 열 (F, g)는 타당하다고 한다.

$$\forall I,\ (\forall f \in F,\ I(f) = 1) \rightarrow I(g) = 1$$

F와 g가 다음과 같이 주어졌을 때 (F, g)가 타당한 논리식의 열인지 알아보자.

$$F = \{(p \wedge \sim q) \rightarrow r,\ r \vee \sim q,\ p \vee q,\ (r \wedge q) \rightarrow \sim p,\ \sim q\}$$
$$g = p \wedge \sim q \wedge r$$

이를 위해 F의 식들과 g에 대한 진리표를 만들어 보자.

5) Verum sequitur ad quodlibet. (원인 없는 결과는 없다.)
6) Ex falso sequitur quodlibet. (거짓으로부터는 무엇이든지 나올 수 있다.)
필자는 이 법칙을 볼 때, "신이 없으면 모든 것이 가능하다"는 도스토이에프스키의 말을 연상한다.

p	q	r	$(p \wedge \sim q) \rightarrow r$	$r \vee \sim q$	$p \vee q$	$(r \wedge q) \rightarrow \sim p$	$\sim q$	g
0	0	0	1	1	0	1	1	0
0	0	1	1	1	0	1	1	0
0	1	0	1	0	1	1	0	0
0	1	1	1	1	1	1	0	0
1	0	0	0	1	1	1	1	0
1	0	1	1	1	1	1	1	1
1	1	0	1	0	1	1	0	0
1	1	1	1	1	1	0	0	0

F의 모델이란 F의 각 식들이 참이 되는 경우를 말하므로 여기에서는 여섯째 행이 이에 해당하고 이 해석이 마찬가지로 g의 모델도 되므로 (F, g)는 타당하다.

$$F \models g$$

이때 g를 F의 논리적 귀결이라고 한다.

논리적 귀결이라는 의미론적 개념은 통사론적 대응이 있는데 그것은 바로 증명이라는 개념이다. 즉 타당한 논리식 열이라는 의미론적 개념에 증명 가능한 논리식 열이라는 통사론적 개념이 대응한다.

$$F \vdash g$$

논리식 열 (F, g)가 증명 가능하다는 것은 앞으로 소개될 자연연역법의 규칙들을 유한회 사용하여 F의 논리식들로부터 g를 얻을 수 있다는 말이다. (F, g)가 증명 가능한 논리식의 열일 때 g를 정리(theorem)라 하고 F를 전제라고 한다. 타당성과 증명 가능성에 대해 중요한 두 가지 정리를 소개한다.

건전성(soundenss) 정리 : $F \vdash g$ iff* $F \models g$
완전성(completeness) 정리 : $F \models g$ iff $F \vdash g$

건전성 정리에 의해, 어떤 문장에 대해 올바른 연산을 수행하면 그 문장은 참이라는 사실을 알 수 있고, 역으로 완전성 정리에 의해 어떤 문장이 참이면, 이를 증명하는 기계적 절차가 존재함을 알 수 있다.

* if and only if

1.7 이접정상형태(disjonctif normal form)

임의의 진술 $\sim((p\supset q)\supset r)$의 진리표를 구해보자.

p	q	r	$\sim((p\supset q)\supset r)$
V	V	V	**F** V V
V	V	F	**V** V F
V	F	V	**F** F V
V	F	F	**F** F V
F	V	V	**F** V V
F	V	F	**V** V F
F	F	V	**F** V V
F	F	F	**V** V F

이 표가 의미하는 바는 주어진 진술이 참인 경우는 다음 세 가지 경우 중 하나이다. 즉 p와 q가 참이고 r이 거짓이거나, p와 r이 거짓이고 q가 참이거나, p, q, r 모두가 거짓이거나이다. 이것을 명제논리의 언어로 번역하면 다음과 같다.

$$(p \land q \land \sim r) \lor (\sim p \land q \land \sim r) \lor (\sim p \land \sim q \land \sim r)$$

이 표현의 형태는 다음과 같은 점에서 특수하다.

- 부정은 원자명제 앞에서만 나타난다.
- 이 표현은 $A_1 \lor A_2 \lor \cdots \lor A_n$ 형태이고, A_i는 원자명제나 원자명제의 부정의 연접이다.
- 각 A_i는 이 표현이 참이 되는 진리표의 한 행에 대응한다.

이런 종류의 진술을 이접정상형태라고 부른다.

1.8 수형도

(A∧B)가 참이면 A도 참이고 B도 참이다. A∨B가 참이면 A가 참이거나 B가 참이면 된다. 그래서 (A∧B)가 나무의 길에 있으면 A와 B가 동일한 길 위에 있게 된다. 이런 식으로 기본 규칙을 구성하면 다음과 같다.

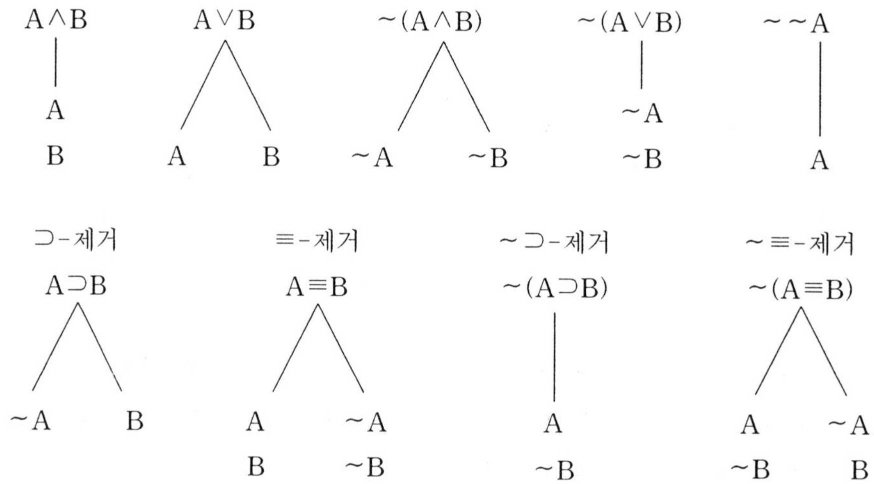

다음 진술의 수형도를 만들어 보자 : p∧(~p∨q)

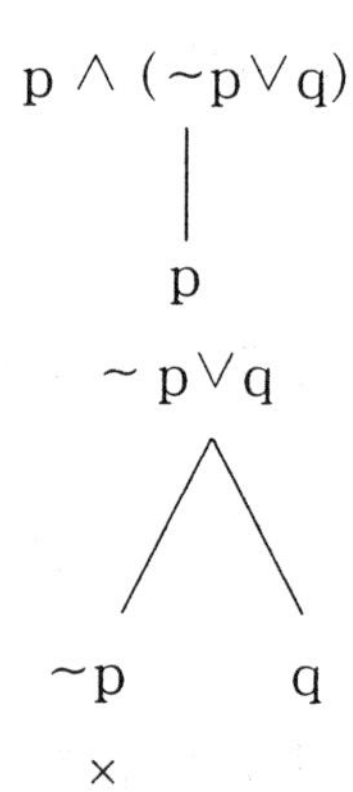

여기에서 왼쪽 가지는 p와 ~p를 포함하고 있다. 이런 모순이 발견되는 길은 닫혔다고 하고 "×"로 표시한다. 그렇지 않은 경우는 열린 길이 된다. 다른 진술을 검토하자.

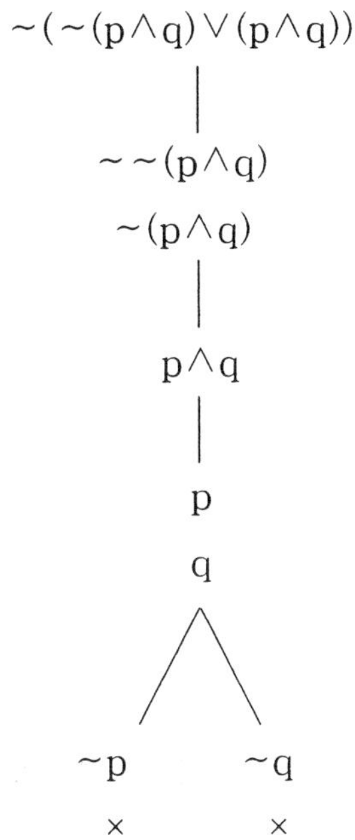

하나의 가지는 p와 ~p를, 다른 가지는 q와 ~q를 지니고 있어 두 길 모두가 닫혀 있다. 이것이 의미하는 바는 (~(p∧q)∨(p∧q))가 참이라는 것이다.

수형도의 방법에 의해 하나의 진술이 동어반복인지 여부를 알 수 있는 간편하고 직관적인 방법을 알게 되었다.

앞에서 우리는 A ⊨ B의 형태를 고찰한 바 있었는데, 이때 B는 A의 논리적 귀결이라는 점을 상기하자. 이를 일반화하면 다음과 같은 정의를 내릴 수 있다.

> [정의 I.1] $A_1, \cdots, A_n \vDash B$는 $A_1, \cdots, A_n$을 동시에 참이 되게 하는 해석이 B도 참이 되게 하는 오직 그런 경우에만 성립한다.

우리가 $A_1, \cdots, A_n \vDash B$라는 연역의 타당성을 검토하려면 어떻게 해야 하는가?

그것은 $A_1, \cdots, A_n$을 동시에 참이 되게 하면서 B를 거짓으로 만드는 그런 해석이 존재하지 않는 경우에 한해서이다. 즉 $A_1, \cdots, A_B$, ~B를 동시에 참이 되게 하는 해석이 없는 경우이다. 다른 말로 하자면 수형도 방식에 의해 $A_1, \cdots, A_B$, ~B가 열린 길이 없는 경우에만 우리는 이 연역의 타당성을 보증할 수 있는 것이다.

연습문제 I-2

1. 수형도 방법에 의해 다음 진술들이 동어반복인지 확인하라.

   (1) $(p \supset \sim p) \supset \sim p$

   (2) $p \supset (q \supset p)$

   (3) $(p \wedge (p \vee q)) \equiv p$

   (4) $(\sim q \supset p) \supset (\sim p \supset (\sim q \supset p))$

   (5) $((p \supset q) \wedge (q \supset r)) \supset (p \supset r)$

2. 수형도 방법에 의해 다음 연역들이 타당한지 확인하라.

   (1) $p,\ q,\ (q \wedge p) \supset r \vDash q \supset r$

   (2) $(p \supset q) \supset r,\ s \vee p,\ \sim (s \vee \sim t),\ t \supset q \vDash r$

   (3) $(p \wedge q) \equiv (p \wedge r) \vDash p \supset (q \equiv r)$

   (4) $p \supset r,\ q \supset r,\ p \supset q \vDash p \equiv q$

   (5) $p \supset (q \supset r),\ q \supset (r \supset p) \vDash p \supset r$

자등명(自燈明)

가장 귀중한 선물은 남이 나에게 주는 것이 아니고 내가 나 자신에게 해줄 수 있는 것이다. 나의 그릇된 관념과 잘못된 습관을 고칠 수 있다면 이보다 더 큰 선물이 있을 수 있을까?

1.9 자연연역법

여기에서의 절차는 수학에서 증명을 할 적에 직관적으로 흔히 사용하는 규칙에 해당하는 그런 규칙들을 부여하는데 있다. 그래서 '자연연역'이라는 이름이 붙은 것이다. 이하에서 p, q, r 등은 원자명제를 가리키고 P, Q, R 등은 임의의 분자명제를 가리킨다.

① 가정(hyp) 규칙

모든 추론은 가정으로부터 시작한다. 그러나 이 가정들을 꼭 기억해야 하는데, 왜냐하면 그 가정이 검증되지 않은 경우에 가정에 의해 끌어온 결론을 일반화해서는 안되기 때문이다. 그래서 새로운 가정을 도입할 때마다 이 가정에 고유한 공간을 확보해야 하는데 그것은 수직선으로 이루어진다. 이 수직선은 가정으로부터 시작해서 이 가정이 이끄는 결론에까지 이어지므로 부분연역이라고 한다.

【예】

```
1   | P                hyp
2   | Q                hyp
⋮   | ⋮
k   |     | M          hyp
k′  |     |     | N    hyp
l   |     |     | N′
m   |     | M′
n   | R
```

최초의 가정 P와 Q가 첫 번째와 두 번째 단계에서 설정된다. k단계에 새로운 가정 M이 설정되고 이 가정은 m단계까지 가는 부분연역을 얻다. 이 부분연역 안에서 새로운 가정 N을 도입한 새로운 부분연역이 k′에서 l단계까지이다. N으로부터 N′을 도출하고, M으로부터 M′을 도출하고 마지막으로 n-단계에서 R을 도출한다. 여기에서 P, Q, M 등은 N′을 연역하는데 사용될 수 있다. 즉 바깥에 있는 가정들은 안에 있는 부분연역 속에서 유효하다. 그러나 그 역은 성립되지 않아서 R을 증명하는데 N을 이용해서는 안된다.

만일 N′이 N으로부터 유도될 수 있으면, N⇒N′이 성립하고 이 함축은 부분연역 바로 바깥에 위치시킬 수 있으며, 이를 가정을 '해제'(dischage)한다고 말한다.

```
k     | M                    hyp
k'    |             | N      hyp
l     |             | N'
l+1   |      N⇒N'
m     | M'
```

② 반복규칙

연역에서 선행하는 명제는 어디에서건 반복할 수 있다. 여기에서 같은 수직선 내에서 반복하는 경우(rep)와 부분연역에서 반복하는 경우(reit) 두 가지가 있다.

```
a.  k   | p
    k'  | p                    rep k

b.  k   | p  |
        |    |  …  |  p        reit k
    k'  |
```

③ 연결사의 도입(introduction)과 제거(elimination)규칙

1) "⇒" 제거규칙 (⇒e)

```
k  | P ⇒ Q
l  | P
   |
   | Q          k, i, ⇒ e
```

2) "⇒" 도입규칙 (⇒i)

```
k  |          | P     hyp
   |          |
m  |          | Q
   |  P ⇒ Q           k-m, ⇒ i
```

【예】 p로부터 우리는 언제나 q ⇒ p를 도출할 수 있다.

1	p		hyp
2		q	hyp
3		p	1, reit
4	q ⇒ p		2-3, ⇒ 1

이제 ⊢ (p ⇒ (q ⇒ p))를 증명해 보자.

1		p		hyp
2			q	hyp
3			p	1, reit
4		q ⇒ p		2-3, ⇒ i
5	p ⇒ (q ⇒ p)			1-4, ⇒ i

3) "∧" 제거규칙 (∧e)

k	P∧Q			k	P∧Q	
	P	k,∧e			Q	k,∧e

4) "∧" 도입규칙 (∧i)

k	P	
l	Q	
	P∧Q	k, l, ∧i

5) "∨" 도입규칙 (∨i)

k	P			k	Q	
	P∨Q	k, ∨i			P∨Q	k,∨i

6) "∨" 제거규칙 (∨e)

여기에는 두 가지 형태가 있다.

첫 번째 형태는 M을 증명하기 위해 P∨Q을 이용하기 의해서는 P와 Q가 각각 가정으로 취해졌을 때 동일한 결론 M에 도달해야 한다는 것을 말해준다.

k	$P \vee Q$		
l		P	hyp
		⋮	
l′		M	
m		Q	hyp
		⋮	
m′		M	k, l-l′, m-m′, $\vee$e
	M		

두 번째 형태는 하나의 부정(negation)이 사전에 전제로서 도입될 것을 요구한다.

k	$P \vee Q$			k	$P \vee Q$	
	$\sim P$				$\sim Q$	
	Q	k, $\vee$e			P	k, $\vee$e

7) 부정의 도입 ($\sim$i)

k		P	hyp
l		Q	
m		$\sim Q$	
	$\sim P$		

이 규칙은 $\sim$P를 증명하게 위해서는 언제나 가정 P로부터 출발하여 모순을 이끌어내면 된다는 것을 의미한다. 이는 귀류법에 해당되는 규칙이다.

8) 부정의 제거 ($\sim$e)

k	P	
l	$\sim P$	
	Q	k, l, $\sim$e

이 규칙은 어떤 연역에서 모순을 만날 경우, 어떤 명제라도 도출할 수 있음을 말해준다.

9) "≡"의 도입

동치(equivalence)에 대한 규칙은 정의를 사용하여 해결할 수 있다.

$$A \equiv B \underset{df}{=} (A \supset B) \wedge (B \supset A)$$

좌변에서 우변으로 가면 ≡-제거가 되고, 우변에서 좌변으로 가면 ≡-도입이 된다.

연습문제 I-3

1. 자연연역법에 의해 다음 연역들이 타당한지 여부를 확인하라.

(1) $p,\ q \supset (p \supset r) \vdash q \supset r$

(2) $(p \wedge q) \supset r \vdash p \supset (q \supset r)$

(3) $p \supset (q \supset r) \vdash (p \wedge q) \supset r$

(4) $\vdash p \vee \sim p$

(5) $p \supset q,\ p \supset \sim q \vdash \sim p$

(6) $p \wedge q \vdash \sim(\sim p \vee \sim q)$

최상의 처세술 :
타인에게는 최소의 자유의지를,
자신에게는 최대의 자유의지를 상정하라.
그래서 남을 꾸짖듯 자신을 꾸짖으며,
자신을 용서하듯 남을 용서하라.

II

술어논리

2.1 명제의 분석

명제논리에서 p, q, r, … 등의 변항은 명제의 내적구조를 추상하고 명제를 전체적으로 고려한 변항들이다. 그리고 연결사들은 이렇게 분석되지 않은 명제들 사이의 관계를 나타낸다. 그런데 대부분의 추론에서 명제들 사이의 관계는 그들의 내적구조와 긴밀한 관계에 있다. 아래의 삼단논법을 보자.

모든 a는 b이다.
모든 b는 c이다.
―――――――――――
∴ 모든 a는 c이다.

여기에서 결론은 용어 a, b, c 사이의 관계로부터 나온다. 그러나 고전논리(아리스토텔레스 논리학)는 모든 기본명제를 주어-계사-술어 즉 "S is P"의 형태로 환원시킨다. 이런 형식의 명제를 정언(定言) 명제라고 한다. "모든 a는 b이다."라는 명제는 사실은 "모든 x에 있어서 만일 x가 a이면 x는 b이다."를 의미한다. 고전논리는 이런 점을 간과했다.

전칭명제에 이어 특칭명제의 경우를 보도록 하자.

Mary is taller than Judie.

문법적으로 이 문장은 "S is P"의 구문으로 보여서 고전논리는 "taller than Judie"를 Mary의 속성으로 취급한다.

그러나 이렇게 되면 수학에서 가장 단순한 추론마저 할 수 없게 된다.

If x = y and y = z, than x = z

대상 y를 "equal to y"에 통합시켜 "S is P"의 도식에 맞추게 되면, 그 다음 명제의 주어로 y를 쓸 수 없다.

그러므로 "taller than Judie"는 Mary의 속성이 아니며 Judie 또한 속성의 일부분이 아니라 Mary와 동등하게 속성의 담지자인 것이다. 따라서 이 예문의 구조는 "S is P"가 아니라 xRy인 것이다.

이러한 사실은 고전논리에 관계의 개념이 부재한다는 점을 잘 보여준다.

그래서 어떤 논리학자들은 "S - P"와 "xRy"의 두 가지, 즉 속성의 논리와 관계의 논리가 공존한다고 생각하였다.

그러나 이렇게 확장한다 하더라도, "Peter sleeps"과 같은 구문을 어떻게 분석하느냐의 문제가 여전히 남는다. 이 문장은 두 가지 어떤 유형에도 귀착시킬 수 없기 때문이다.

이제 모든 종류의 명제들을 분석할 수 있는 일반적인 상황을 고려할 필요가 분명해졌는데, 여기에 도달한 것이 바로 프레게(Frege, 1845 - 1925)이다. 그의 생각은 오늘날 명제분석의 근간을 이루고 있는데, 그것은 n개의 논항을 가진 함수의 개념이다.

프레게는 술어와 주어라는 전통적인 개념을 함수와 논항이라는 수학적 개념으로 대치시킨다.

$$2 \cdot 1^3 + 1$$
$$2 \cdot 4^3 + 1$$
$$2 \cdot 5^3 + 1$$

이 표현들에서 공통적인 요소는 바로 함수이다. 차이는 단지 논항 1, 4, 5로부터

온 것이다.

$$2 \cdot x^3 + x \quad \text{또는} \quad 2(\quad)^3 + (\quad)$$

유추에 의해 프레게는 모든 명제를 하나 또는 그 이상의 논항에 의해 채워지는 함수로 보았다. 이제 주어는 그 특수한 지위를 상실하고 논항 중의 하나에 불과한 것이 되었다. 논항이 채워지지 않은 술어는 일종의 함수로 간주될 수 있으며 이런 함수를 명제함수라고 한다.

명제함수는 하나 또는 그 이상의 변항을 포함하고 있어서 그 의미나 진리값이 아직 정해지지 않은 명제이다. 이 변항들이 개별대상을 지칭하는 용어에 의해 대체되면 비로소 의미가 확정되고 참 또는 거짓의 진리값을 갖는 진술이 되는 것이다.

수학적 함수가 1, 2, 3, …, n개의 논항을 가질 수 있는 것과 마찬가지로 명제함수도 다양한 '결합가'(동사가 취할 수 있는 논항의 수)를 가질 수 있다. 몇 가지 예를 들자면,

① 1가술어 : "x is mortal"
② 2가술어 : "x is equal to y"
"x loves y"
③ 3가술어 : "x is between y and z"
"x gives z to y"

이렇게 현대논리학은 명제함수라는 훨씬 탄력적인 분석도구를 갖게 되어 다양한 형태의 명제들을 분석할 수 있는 일반성을 확보하게 된 것이다. 관계의 개념은 명제함수의 개념에 쉽사리 통합됨을 알 수 있다.

2.2 변항의 개별화와 단칭명제

명제함수 f(x)의 변항 x에 개별상수 a를 대입하면 명제를 얻게 된다. 논항으로 나타나는 것이 개별자의 이름이기 때문에 이런 명제를 단칭명제라고 한다.

그런데 이런 방식은 언제나 정당한 것인가? 자유변항이 무제한적으로 아무런 상수

라도 취할 수 있는가?

"x는 난생이다."

변항 x에 아무런 상항, 예컨대 의자, 5, 구리 등을 할당할 수 있는가? 물론 이런 상항이 들어간 문장을 진리치가 거짓인 명제로 치부할 수는 있다. 그렇다 하더라도 "의자는 난생이다"와 "개는 난생이다"는 아주 다르다. 실상, "의자는 난생이다"나 "의자는 난생이 아니다"는 둘 다 모두 아무런 진리치도 갖지 않는다. 반면에 진정한 명제는 그 명제의 부정이 진리치를 바꾸는 효과를 갖는다는 점에서 식별된다. 즉 "개는 난생이 아니다"는 참인 명제이다.

따라서 위와 같은 무의미한 문장의 산출을 피하기 위해서는 논의되는 주제가 어떤 '담화의 세계'에 있는지를 분명히 해야 한다.

2.3 변항의 일반화와 양화문장

명제함수로부터 명제를 얻기 위해서 변수를 개별화하는 방법 말고 다른 방법이 있는데 그것은 변수를 묶는 것이다. 전자를 단칭명제라 하고 후자를 일반명제라 하는데 여기에는 보편양화사와 존재양화사 두 가지가 있다. 먼저 전칭명제 "인간은 죽는다."의 경우를 보자.

여기에서 '인간'은 문법적으로는 주어이지만 사실은 가주어에 불과하다. 그것은 속성의 담지자가 아닌데 왜냐하면 그 자신이 '죽는다'와 마찬가지로 개념이기 때문이다. 죽는 것은 인간이라는 개념이 아니라 구체적으로 이러저러한 사람이 죽는 것은 다! 따라서 여기에서는 하나의 함수만 있는 것이 아니라 함축관계에 의해 연결된 두 개의 함수가 있으며 그 논항은 공통이다.

$$\forall x\ (f_x \rightarrow g_x)$$

'모든 x에 대해 x가 f(인간)이면, x는 g(죽는다)이다.'

존재명제 "어떤 사람들은 현명하다."로 보자.

이는 어떤 x가 있어 x가 사람이고 x는 현명하다로 해석된다. 여기에서는 함축관계가 아니라 연언관계임에 유의하자.

$$(\exists x)(p_x \land q_x)$$

2.4 양화된 문장에서의 부정

양화된 명제의 부정은 함수 자체에 작용하는 경우와 양화사에 작용하는 경우의 두 가지 상이한 방식으로 도입될 수 있다. 함수를 부정하는 것과 함수의 보편성을 부정하는 것은 다르다. 먼저 보편양화사의 경우를 보면,

① $\forall x{\sim}f(x)$: x가 무엇이든 x는 ~f를 입증한다.
② $\sim\forall xf(x)$: 모든 x가 f를 입증하는 것은 아니다.

첫 번째 진술은 두 번째 진술을 함축하지만 그 역은 성립하지 않는다.

$$\forall x{\sim}f(x) \Rightarrow \sim\forall xf(x)$$

존재양화사의 경우는,

① $\exists x{\sim}f(x)$: ~f를 입증하는 x가 있다.
② $\sim\exists xf(x)$: f를 입증하는 x는 없다.

이번에는 두 번째 진술이 더 강하고 그래서 첫 번째 진술을 함축한다.

$$\sim\exists xf(x) \Rightarrow \exists x{\sim}f(x)$$

그런데 어떤 x도 f를 입증하지 못한다는 것은 f를 입증하는 x가 없다는 말이고, 모든 x가 f를 입증하지는 않는다는 것은 f를 입증하지 않는 x가 있다는 말과 동어반복이어서 다음 등식이 성립한다.

$$\forall x{\sim}f(x) \equiv \sim\exists xf(x)$$
$$\exists x{\sim}f(x) \equiv \sim\forall xf(x)$$

이로부터 일반명제는 두 개의 양화사 중 한가지에 의해 표현될 수 있다는 사실을 알 수 있다.

$$\forall x f(x) \equiv \sim \exists x \sim f(x)$$
$$\exists x f(x) \equiv \sim \forall x \sim f(x)$$

2.5 복합양화(multiple quantification)

n개의 논항을 지닌 함수를 고려한다는 것은 복합적인 양화의 가능성을 인정하는 것이다. 다가함수로 하나의 명제를 얻기 위해서 변항들을 동일하게 취급할 필요는 없다. 즉 어떤 변수는 묶고 어떤 변수는 개별화할 수 있는 것이다.

모든 사람은 파스퇴르를 존경한다 : $\forall x f x p$
철수는 거미줄을 무서워한다 : $\forall y f y \Rightarrow gcy$
어떤 이들은 베토벤보다 모차르트를 좋아한다 : $\exists x f x b m$

만일 모든 변수를 묶는다면 이들은 다양하게 양화될 수 있다.

권세자(f)에게는 아첨꾼(g)이 따르게 마련이다 : $\forall x(fx \Rightarrow \exists y g y x)$

표현의 명료성과 계산의 편의를 위해 복합적으로 양화를 할 경우에는 문장 앞에 양화사들을 모아 놓는 것이 편리하다. 이것을 관두형(prenex form)이라고 한다. 마지막 예에서 괄호 속에 있는 $\exists_y$는 앞에 나올 수 있는데 그 위치는 $\forall_x$가 다음이어야 한다.

$$\forall x(fx \Rightarrow \exists y g y x) \equiv \forall x \exists y(fx \Rightarrow gyx)$$

물론 $\exists y$가 $\forall_x$ 앞에 오면 의미가 달라진다.

$\exists y \forall_x (f_x \Rightarrow gy_x)$는 어떤 특정의 아첨꾼이 있어 모든 권력자에게 아부한다는 뜻이다. 또 다른 예로, f가 "x는 정수이다"이고 g가 "x < y"라고 할 때, $\forall_x \exists y\ (f_x \Rightarrow gy_x)$는 참이지만 $\exists y \forall_x\ (f_x \Rightarrow gy_x)$는 거짓이 된다.

다음의 동치 관계와 함축관계는 자주 사용된다.

$$
\begin{array}{ccc}
\forall_x \forall_y f_{xy} & \Leftrightarrow & \forall_y \forall_x f_{xy} \\
\Downarrow & & \Downarrow \\
\exists_x \forall_y f_{xy} & & \exists_y \forall_x f_{xy} \\
\Downarrow & & \Downarrow \\
\forall_y \exists_x f_{xy} & & \forall_x \exists_y f_{xy} \\
\Downarrow & & \Downarrow \\
\exists_x \exists_y f_{xy} & \Leftrightarrow & \exists_y \exists_x f_{xy}
\end{array}
$$

여기에서 화살표는 물론 추론이 허용되는 방향을 가리킨다.

나아가서 n개의 논항을 가진 n항의 양화를 고려할 수도 있다. 이렇게 다항술어와 복합양화는 명제 이론을 풍부하게 만드는 두 가지 요인이 된다.

연습문제 II-1

다음 문장들을 술어논리의 언어로 번역하라.

A. 1항술어만을 사용하는 문제

1. All dogs are mammals.
2. No fishes are endothermic.
3. Reptiles and amphibians are not endothermic.
4. Only lagomorphs gnaw.
5. All and only marsupials have pouches.
6. Some organisms are chordates and some organisms are molluscs, but nothing is both a chordate and a mollusc.
7. Animals behave normally if not watched.
8. Some sharks are pelagic fish, but not all pelagic fish are sharks.
9. No sparrow builds a nest unless it has a mate.
10. All predators are not herbivorous.

B. 다항술어

1. Godzilla ate Bambi.
2. Something ate Bambi.
3. Godzilla ate something.
4. Bambi ate everything.
5. Everything ate Bambi.
6. Something ate something.
7. Something ate everything.
8. Everything ate something.

9. Everything ate everything.
10. Everything ate itself.
11. Something ate itself.
12. Nothing ate itself.
13. Something ate nothing.
14. There is a reptile smaller than a cat but larger than a dog.
15. Some fishes swim slower than humans.
16. Some fishes are smaller than every mammal.
17. Some whales eat only fast-moving fishes.
18. Some whales do not eat any fast-moving fishes.
19. If anything eats fast-moving fishes, sharks do.
20. If an organism is symbiotic with a clown fish then it is a sea anemone.

C. "="를 사용하는 번역

1. Exactly one cheetah exists.
2. There is only one Paris.
3. Bambi ate at least two trees.
4. Bambi ate everything except himself.
5. Every dog has exactly one tail.

평소에 늘 하던 말을 한번만 더 되풀이하겠습니다.
진실과 정직을 갖추지 못한 재간은 오히려 세상에 해를 끼치고, 자신의 분수를 모르는 철없는 욕심은 나와 이웃을 파멸로 이끕니다.
큰 뜻을 품고도 조급하지 말아야할 것은, 사람이란 조급하면 치사스럽게 굴기가 쉽기 때문입니다.
언제 어디서나 인간에게 가장 소중한 것은 긍지입니다. 여러분은 꾸준히 제 길을 가서 제 구실을 하는 훌륭한 일꾼들이 되기를 바랍니다.

— 김옥길총장 이임사 (1979. 9. 1) —

2.6 술어논리에서 수형도 방법

명제논리에서 어떤 진술이 동어반복임을 확인하려면 그 진술의 부정이 모순을 가져온다는 것을 보이면 되었다. 또한 하나의 추론이 타당함을 확인하려면, 그 추론의 결론을 부정하면 모순이 생긴다는 것을 보이면 되었다. 명제논리에서 활용한 수형도 방법에 양화사 제거의 규칙을 추가하면 술어논리의 수형도 방법이 된다.

2.6.1 ∀-제거

$\forall x \varnothing(x)$의 예화(instantiation)는 다음과 같다.

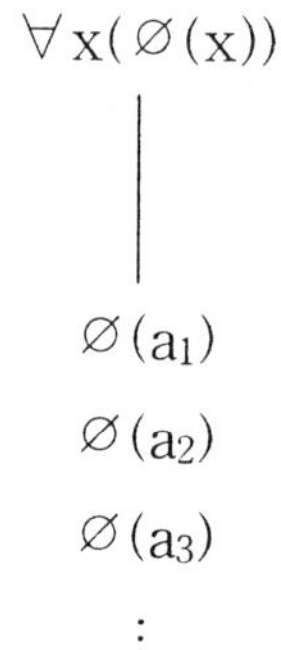

이 가지에 나타나는 모든 상항 a_i가 x를 대체할 수 있다.

2.6.2 ∃-제거

이 규칙은 보다 미묘하다.

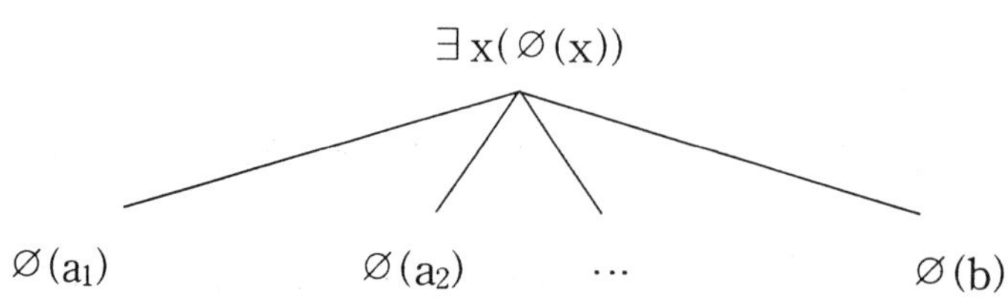

여기에서 a_i는 이 가지에 이미 나타난 용어들이다. 오직 b만이 새로운 용어이다. 직관적으로, 만일 $\varnothing$가 적어도 하나의 x에 대해 참이라면 우리는 이 x를 a_1, a_2, …

또는 b라고 부를 수 있겠다. 그러나 그것이 이미 사용된 용어일 필요는 전혀 없다.

$\sim\forall$와 $\sim\exists$의 경우에는 양화사 변환규칙을 적용하고 위의 두 규칙에 준해서 적용하면 되겠다.

$$\sim\forall x(\varnothing(x))$$

$$\sim\varnothing(a_1) \qquad \sim\varnothing(a_2) \qquad \cdots \qquad \sim\varnothing(b)$$

여기에서 b는 이 가지에서 아직 사용되지 않은 어휘이다.

$$\sim\exists x(\varnothing(x))$$

$$\sim\varnothing(a_1)$$
$$\sim\varnothing(a_2)$$
$$\sim\varnothing(a_3)$$
$$\vdots$$

여기에서 $a_1, a_2, a_3, \cdots$는 이 가지에서 이미 사용된 어휘들이다.

아래의 예를 보자.

$$h1 : \forall x(Px \rightarrow Qx)$$
$$h2 : \exists yPy$$

$$C : \exists yQy \ (?)$$

두 개의 가정 h1, h2로부터 결론 C가 타당하게 도출되는가? 이 문제를 풀기 위해서는 먼저 결론은 부정하고, 그것을 가정과 동시에 취해서 비교해 본다. 만일 모순이 나타나면 그 결론은 타당한 것이다.

$$h1, h2, \sim C \vdash \text{거짓}$$

이것은 잘 알려진 귀류법이다. 이를 수형도에 의해 풀어보자.

$$\begin{aligned} &h1 : \forall x(Px \rightarrow Qx) \\ &h2 : \exists yPy \\ &\sim C : \sim\exists yQy \ (= \forall y \sim Qy) \end{aligned}$$

Pa	h2에서 ∃-제거
$\sim Qa$	~C에서 ∀-제거
$Pa \rightarrow Qa$	h1에서 ∀-제거

$\sim Pa$	Qa
x	x

모든 길이 닫혀 있다. 이것은 결론을 부정해서 생긴 결과이기 때문에 C는 타당한 결론이다.

반박은 가장 열등한 형태의 자성이다.

- Gibran -

연습문제 II-2

1. 다음의 진술들이 타당한지 검증하라.

(1) $(\forall_x)\sim P_x \supset (\forall_x)(P_x \supset Q_x)$

(2) $(\exists_x)(A_x \supset B_x) \supset ((\forall_x)A_x \supset (\exists_x)B_x)$

(3) $((\forall_x)A_x \supset (\exists_x)B_x) \supset (\exists_x)(A_x \supset B_x)$

2. 다음의 추론들이 타당한지 검증하라.

(1) $(\forall_x)(F_x \supset \sim G_x)$, $(\forall_x)(F_x \wedge H_x) \models (\exists_x) \sim G_x$

(2) $(\exists_x)F_{xb} \supset (\forall_x)G_x$, $(\forall_x)F_{ax} \models (\forall_x)(H_{xc} \supset G_x)$

(3) $(\exists_x)F_x$, $(\exists_x)G_x \models (\exists_x)((\exists_y)F_y \wedge G_x)$

(4) $(\forall_x)((\exists_y)F_{xy} \supset G_{bx})$, $(\forall_x)(\forall_y)F_{yx} \models (\exists_x)G_{xx}$

(5) $(\exists_x)F_x \wedge (\forall_x)G_x \models (\exists_x)(F_x \wedge G_x)$

자신이 자유인인지 확인하는 방법 :
새로운 일을 하는 것이 아니고
하던 일을 멈출 수 있는가를 보는 것.

2.7 술어계산에서의 자연연역

명제논리에서와 마찬가지로 자연연역방법은 한 진술의 타당성이나 또는 추론의 타당성을 테스트하기 위해 쓰여진다. 연결사들의 역할도 명제논리의 경우와 동일하므로 여기에서 문제가 되는 것은 양화사의 도입과 제거에 관한 규칙들이다. 먼저 가장 간단하고 직관적인 ∀-제거와 ∃-도입에 대해 알아보자.

2.7.1 ∀-제거

만일 우리가 ∀xBx를 증명할 수 있다면 우리는 B(a), B(b), B(c), …가 역시 증명된다고 말할 수 있다.

$$
\begin{array}{|l}
A_1 \\
\vdots \\
A_n \\
\hline
\vdots \\
\forall xBx \\
\vdots \\
B(a) \\
\vdots \\
B(b) \\
\vdots
\end{array}
$$

여기에서 a, b, c, … 등은 어떠한 제한도 받지 않는다. 다만 이미 묶여 있는 변항을 써서는 안된다.

$$\forall x \exists yRxy \nrightarrow \exists yRyy$$

∀-제거시 도입한 변항 y는 이미 ∃y에 의해 묶여 있기 때문에 x에 대해서 자유스럽지 못하다. 아래 예를 통해 이런 제약을 쉽게 확인할 수 있겠다.

$$\forall x \exists y(x \neq y) \nrightarrow \exists y(y \neq y)$$

2.7.2 ∃-도입

만일 B(a)가 참이면 이로부터 우리는 안전하게 ∃xBx를 도출할 수 있다.

$$\begin{array}{|l} A_1 \\ \vdots \\ A_n \\ \hline \vdots \\ B(a) \\ \vdots \\ \exists xBx \\ \vdots \end{array}$$

∃-도입시 개별 상황이 전부 일반화 되지 않아도 무방하다.

$$\begin{array}{|l} R_{mm} \\ \hline \exists xRxx \end{array} \qquad \begin{array}{|l} R_{mm} \\ \hline \exists xRxm \end{array} \qquad \begin{array}{|l} R_{mm} \\ \hline \exists xRmx \end{array}$$

이 두 가지 규칙에 제한이 붙지 않는 이유는 두 규칙이 모두 정보의 감소에 해당하기 때문이다. 모든 x가 B라는 사실을 아는 것은 a가 B라는 사실을 아는 것보다 더 많이 아는 것이고, a가 B라는 것을 아는 것은 어떤 x가 B라는 것을 아는 것보다 더 많이 아는 것이다.

그러나 ∀-도입과 ∃-제거는 훨씬 더 미묘하다.

2.7.3 ∀-도입

어떤 특성이 주어진 담화의 세계에서 모든 대상에 적용된다는 것을 증명하고자 한다면, 이 특성이 무작위로 선정된 임의의 어떤 대상에 대해 참임을 증명하면 된다.

A_1
⋮
A_n
―――――
⋮
$B(a_1)$
⋮
$B(a_m)$
⋮ (a1, …, am은 주어진 담화의 세계에서 주어진 모든 상황의 리스트)
$\forall xBx$

그러나 이 규칙은 담화의 세계가 유한하지 않을 때에는 적용할 수 없다. 어떤 특성이 담화의 세계 속에 있는 모든 대상에 대해 참이라면, 이 특성이 임의의 대상에 대해 참임을 보이면 된다. B가 임의의 대상에 대해 참이면, B는 어떤 대상에 대해서도 참이다.

A_1
⋮
A_n
―――――
⋮
$B(a)$
⋮
$\forall xBx$

여기에는 두 가지 제한이 따른다.

첫째, a는 A_1, …, A_n에 나타나서는 안된다.
둘째, a는 $\forall xBx$에 나타나서는 안된다.

아래의 두 반례를 통해 이런 제약조건을 확인할 수 있다.

①	E_t	(2는 짝수이다.)
	―――――	
	$\forall xEx$	(모든 수는 짝수이다.)
②	$\forall xExx$	(모든 수는 자신과 동일하다.)
	―――――	
	E_{SS}	(7 = 7)
	$\forall xEx_S$	(모든 수는 7과 동일하다)

이상의 예는 상항(constant)에 대해 일반화해서는 안된다는 상식의 표현에 다름아니다. 변항에 대해서도 주의할 점은, "$2x + 5 = 9$"에서처럼 x가 조건적 해석을 받는 경우와, "$(x + y)^2 = x^2 + 2xy + y^2$"에서처럼 x가 보편적 해석을 취하는 경우가 있기 때문이다. 조건적 해석의 경우 x는 사실 상수나 마찬가지이므로 여기에 ∀-도입을 적용할 수는 없는 것이다. 특히 ∃-제거에 의해 도입된 상황을 포함하고 있는 식에 ∀-도입을 해서는 안된다.

1	$\forall y \exists x Pxy$
2	$\exists x Pxa$
3	Pba
4	$\forall y Pby$
5	$\exists x \forall y Pxy$

여기에서 오류는 ∃-제거에 의해 도입된 "b"가 포함된 식 Pba에 ∀-도입을 한 데에 있다. 문제의 오류는 "일어나는 모든 것에는 원인이 있다. 따라서 최초의 원인이 있다."는 궤변을 말해주고 있다.

2.7.4 ∃-제거

일련의 가정 $A_1, \cdots, A_n$으로부터 ∃xBx가 도출되고, 또 C가 B(a)로부터 도출된다면, 우리는 C라는 결론을 내릴 수 있다.

```
| A1
| ⋮
| An
|------
| ⋮
| ∃xBx
|        | Ba
|        |-----
|        | ⋮
|        | C
| C
```

이때, a는

① 가정 A_1, ⋯, A_n에 있어서는 안된다.
② ∃xBx에 출현해서는 안된다.
③ C에 출현해서는 안된다.

아래의 사례들을 통하여 왜 이런 제약사항이 필요한지 이해할 수 있을 것이다.

①′

행	주 증명	부차 증명	근거
1	E_f		가정(4는 짝수이다.)
2	$\exists xOx$		가정(어떤 수는 홀수이다.)
3		$\exists xOx$	가정 반복
4		O_f	∃-제거
5		$E_f \wedge O_f$	1, 3, ∧-도입
6		$\exists x(Ex \wedge Ox)$	∃-도입
7	$\exists x(Ex \wedge Ox)$		

②′

행	주 증명	부차 증명	근거
1	$\forall x \exists yLyx$		가정(L: “larger than”)
2	$\exists yLy_k$		
3		L_{kk}	가정
4		$\exists xLxx$	
5	$\exists xLxx$		

③′

행	주 증명	부차 증명	근거
1	$\exists xNx$		가정(N: “negative”)
2		N_t	가정(t: “two”)
3		N_t	2, 반복
4	N_t		

다음의 올바른 추론을 참고하여 이해를 확실하게 하자.

1	$\exists xFx$		가정
2	$\forall x(Fx \supset G_k)$		가정
3	u	Fu	가정
4		$\forall x(Fx \supset G_k)$	2, 반복
5		$Fu \supset G_k$	4, ∀-제거
6		Gk	3, 5, ⊃-제거
7	Gk		

3행의 가정은 F라는 술어에 적용되는 대상에 "u"라는 가짜 이름(dummy name)을 부여한 것이다. 이런 사실을 나타내기 위해 수직선 왼쪽에 "u"를 써놓으며, 이때의 수직선을 매개변항 장벽(parameter barrier)이라고 부른다. 즉, u를 포함하는 어떤 식도 이 장벽을 넘어서는 안되는 것이다. 그런데 Gk에는 u가 나타나지 않기 때문에 Gk는 이 장벽을 넘는데 문제가 없다.

끝으로 한번 ∃-제거에 사용된 상항은 다른 ∃-제거시에 사용되어서는 안된다. P라는 속성을 가지고 있을 때 (∃xPx), Pa로 ∃-제거를 했다면, ∃xQx에서는 a 이외의 다른 상황, 예컨대 b에 의해 Qb와 같이 ∃-제거가 이루어져야 할 것이다.

아래의 예에서 우리는 실제 추론의 과정에서 전개되는 순서를 매겨 놓았다. 이 순서를 잘 음미하면 자연연역에 대한 요령이 생길 것이다.

$$\vdash \sim\forall x\sim Ax \rightarrow \exists xAx$$

1	② $\sim\forall x\sim Ax$
2	④ $\sim\exists xAx$
3	Aa
4	Aa
5	$\exists xAx$
6	$\sim\exists xAx$
7	$\sim Aa$
8	$\forall x\sim Ax$
9	$\sim\forall x\sim Ax$
10	⑤ $\sim\sim\exists xAx$
11	③ $\exists xAx$
12	① $\exists xAx$

연습문제 II-3

1. 다음 추론의 타당성을 검증하라.

(1) $(\forall_x)(Q_a \supset P_x) \vdash (Q_a \supset (\forall_x)P_x)$

(2) $(Q_a \supset (\forall_x)P_x) \vdash (\forall_x)(Q_a \supset P_x)$

(3) $(\exists_x)(P_x \supset Q_a) \vdash (\forall_x)P_x \supset Q_a$

(4) $(\forall_x)(A_x \supset B_x),\ (\forall_x)\sim B_x \vdash \sim(\exists_x)A_x$

(5) $(\exists_x)P_x,\ (\exists_x)Q_x \vdash (\exists_x)(\exists_y)(P_x \wedge Q_y)$

(6) $\sim(\forall_x)(A_x \supset B_x) \vdash (\exists_x)(A_x \wedge \sim B_x)$

당장에는 좋게 생각되는 일이 나중에 불행의 발단이 될 수도 있고,
지금으로서는 괴롭기 짝이 없는 일이 시간이 지나면 오히려 좋은 일의 출발점이 될 수도 있다.

III

λ-연산(λ-calculus)

Ⅰ. 들어가면서

칸토어(Cantor)에 의해 수립된 집합론에서 역설이 발견되면서 위기감을 느낀 수학자들은 수학의 토대를 확립하기 위해 전력을 기울였다. 그들 중 처치(Church)는 집합 대신에 함수의 개념에서 출발하여 계산가능성(Computability)의 문제에 몰두했다. 이런 과정에서 1930년 경 처치에 의해 발명된 1-연산은 모든 계산 가능한 함수를 표시할 수 있는 간명하고 개념적인 모델로서 1-표현 형성규칙과 β-환원을 핵심으로 하는 강력한 기법이다. 더욱이 컴퓨터 과학의 발전과 더불어 함수프로그래밍언어(LISP, Haskell, Miranda, ML, CAML 등)의 등장과 더불어 1-연산은 다시 각광을 받게 되었다. 여기에서는 1-연산의 기초가 되는 통사론과 의미론 그리고 환원에 대해서 소개하는 것으로 만족하고자 한다.

2. λ-연산의 문법

2.1 λ-표현들

함수기호 f(x)는 함수도 나타내지만 동시에 함수의 값을 표현하기 때문에 이중적인 의미를 지니는 불편함이 있다. 함수 자체를 표현하기 위해 도입된 장치가 바로 λ-연산자로서 다음과 같은 동치가 성립한다.

$$\lambda_x.f \equiv x \mapsto f(x)$$
$$\lambda_x.x^2 \equiv x \mapsto x^2$$

λ-연산은 하나의 표현, 예컨대 (2x+1)을 함수 (λx, 2x+1)로 변형시키는 기법인데, 이런 절차를 추상 (또는 추출, abstraction)이라고 한다.

일반적인 λ-표현은 다음과 같다.

$$\lambda_x . M(\cdots x \cdots x \cdots)$$

M은 몸통(body), λ_x를 λ-추출자라 하는데 M속에 있는 변항을 추출해서 $x \mapsto M(\cdots x \cdots x \cdots)$라는 함수를 만든다는 것이다. "$x \mapsto M$"이 바로 $\lambda_x . M$이다. M 속의 자유변항 x는 λ_x에 의해 속박변항이 된다.

집합을 구성하는 { x | x is a boy }와 같은 표현도 λ_x.Boy(x)로 번역할 수 있는데, Boy(x)라는 개방명제를 만족시키는 개체를 추출한다고 해서 λ-추출(λ-abstraction)이라고 부른다.

λ-연산이 중요한 이유는 함수를 정태적으로 보는 것이 아니라 동태적으로, 즉 결과를 산출하기 위한 절차로서 파악한다는 점인데, 앞으로 보게 되겠지만 이는 프로그래밍 언어에서 매우 중요한 함축을 지닌다.

λ-표현들은 다음과 같이 정의된다.

① 모든 변수: x, y, z, u, …

② 기정의된 상수: 수(numbers), 덧셈(addition), 곱셈(multiplication), 계승자함수(successor function),[7] …

7) 수 이외의 다른 상수들은 응용 λ-연산에서 사용된다. 우리는 필요에 따라 이 상수들을 임의로 활용할 것이다.

③ 만일 X와 Y가 λ-표현이면, XY도 λ-표현이다.

④ x가 변항이고 M이 λ-표현이면, λ_x.M도 λ-표현이다.

③의 XY에서 X는 함수로, Y는 논항으로 볼 수 있다. 그래서 XY는 함수 X에 의한 Y의 상(image)을 나타낸다.

2.2 표기법

① 적용에서의 좌측 결합(Left association)

다음의 동치가 성립한다.

$$M_1M_2M_3 \cdots M_k \equiv (((M_1M_2)M_3) \cdots M_k)$$

그래서 (λf.λz.f(fx))(λ_x.x + 1)3과 같은 λ-표현에서 M_2 = (λ_x.x + 1)이고 M_3 = 3이며 나머지가 M_1이 된다.

일반적으로 (E_1E_2)에서 E_1은 함수로서 미리 정의된 상수거나 (계승자 함수 등), λ-추출 즉 (λ_x, M)로서 E_1을 E_2에 적용하라는 의미이다. 적용의 구체적 의미는 M 안에 있는 모든 자유변수 x를 E_2로 대체하고 나서 M을 산정하라는 것이다. 여기에서 E_1을 연산자(operator), E_2를 피연산자(operande)라고 한다. 어떤 임의의 두 λ-표현도 적용으로 간주될 수 있다. 예컨대, xx나 aa도 적용의 사례로 볼 수 있다는 말이다.

② 추출에서의 오른쪽 결합(Right association)

간단한 예로 다음과 같은 경우이다.

$$\lambda xy \cdot z = (\lambda x.(\lambda y.z))$$

이를 일반화하면,

$\lambda_{x1x2} \cdots x_k.T$는 $\lambda_{x1}\lambda_{x2} \cdots \lambda_{xk}.T$의 생략된 형태이고 다음의 동치가 성립한다.

$$\lambda_{x1}\lambda_{x2} \cdots \lambda_{xk}.T \equiv (\lambda_{x1}(\lambda_{x2} \cdots (\lambda_{xk}.T)))$$

③ λ_x의 범위는 가능한 한 오른쪽으로 멀리 미친다.

$$\lambda_x.E_1E_2E_3 \equiv (\lambda_x.(E_1E_2E_3))$$ [8)]

여기에서 우리는 적용(application)이 추출(abstraction)보다 우선이라는 사실을 알 수 있다.

④ $(\lambda_x.M)a$와 같은 형태를 β-redex라고 하는데, "reducible"이라는 어휘에서 유래한다. 앞으로 자주 만나게 되는 형태이다.

다음과 같은 λ-표현을 이상의 규칙에 따라서 괄호가 생략되지 않은 형태로 만들어 보자.

$$\lambda_{xyz}.x(yz)t$$

i. 먼저 β-redex를 확인하라. 이를 위해 규칙 ②를 활용하면,

$$(\lambda_x\ (\lambda_y\ (\lambda_z\ (\ (\ x\ \ (yz)\ \ )\ t\ \ )\ \ )\ \ )\ \ )$$

① ② ③ ④⑤ ⑤ ④③②①

ii. 여기서 규칙 ③을 활용하면 λ_z, λ_y, λ_x의 몸통(body)이 드러난다.

iii. 남은 일은 x(yz)t에 규칙 ①을 활용하면 ((x(yz))t)가 되어 최종결과는 괄호 ⑤가 추가된 형태가 된 것이다.

연습을 위해 하나의 예를 더 추가하기 위해 다음 λ-표현을 살펴보도록 하자.

$$(\lambda n.\lambda f.\lambda x.f(nfx))(\lambda g.\lambda y.gy)$$

i. 먼저 β-redex를 확인한다. 이때 λ-연산자의 범위는 가능한 한 멀리 오른쪽

8) $(\lambda_x.E_1E_2)E_3$와 전혀 다른 λ-표현임을 유의할 것.

으로 미친다.

(λx.f(nfx))	(λy.gy)
(λf.(λx.f(nfx)))	(λg.(λy.gy))
(λn.(λf.(λx.f(nfx))))	

ii. 다음 적용(application)의 왼쪽 결합 법칙을 활용하여 완전하게 괄호가 쳐진 표현을 얻게 된다.

((λn. (λf. (λx. (f ((nf)x)))))   (λg. (λy. (gy)))
⑤ ④   ③   ②   ①   ①②③④   ⑤

2.3 커리화된 함수(Curried function)

λ-연산에서 모든 함수는 일항(unary)함수이다. 다음 두 함수를 비교해 보자.

① $g(m, n) = n - m$
② (λm.(λn.(sub nm)))

①에서 g는 물론 2자리 술어이다. 그러나 ②에 λm에 대한 논항으로 3을 주면 결과는 한자리 술어 (n − 3)으로서 다시 함수가 된다.

이를 유형(type)에 따른 정의역과 치역으로 나타내면,

① : $N \times N \rightarrow N$ (N은 자연수)
② : $N \rightarrow (N \rightarrow N)$

이 됨을 알 수 있다. 즉, g는 한 쌍의 자연수를 취하여 하나의 자연수를 결과로 주는 반면에, λ-함수에서는 하나의 자연수를 취하여 그 결과로서 자연수에서 자연수로 가는 함수를 준다는 것이다.

일반적으로, n개의 논항을 가진 함수 g는 하나의 논항을 취하여 (n − 1)개의 논항을 가진 함수가 되고, 이 함수가 다시 하나의 논항을 취하여 (n − 2)개의 논항을 가

진 함수가 되고 이런 식으로 계속하여 마지막 단계에서는 하나의 논항을 가지는 함수가 되는 것이다.

$$f(n_1, n_2, n_3, \cdots, n_n) \rightarrow (((fn_1)n_2)n_3) \cdots$$

실상 $(\lambda_x.(\lambda_y.E))$는 $(\lambda_{xy}E)$를 커리화한 것이다. 그래서 일반적으로 $(\lambda_{x1}.(\lambda_{x2} \cdots (\lambda_{xk}.T)))$ '커리화된 함수'라고 한다. 조금 다른 식으로 표현하자면 커리화한 D_1 **X** D_2 **X** $\cdots$ **X** $D_n \rightarrow D$와 같은 함수를 $D_1 \rightarrow (D_2 \rightarrow \cdots (D_n \rightarrow D) \cdots)$처럼 본다는 것을 의미한다.

가장 현명한 사람 : 모든 사람한테서 배우는 사람
가장 부유한 사람 : 자기가 가진 것으로 만족할 줄 아는 사람
가장 강한 사람 : 자기를 이기는 사람

3. 의미론

3.1 자유변항과 속박변항

λ-표현의 의미는 함수의 적용(application)이 전부 수행되고 난 후의 결과이다. 이것을 환원(reduction)이라고 하는데 이를 위해 자유변항과 속박변항 그리고 대체(substitution)의 개념을 먼저 검토해야 한다.

$(\lambda_x.M)$에서 λx는 본체 M 속에 있는 자유변항 x를 속박한다는 점을 이미 지적하였고, 그 외의 변항은 자유변항이다. 하나의 변항은 자유변항도 되고 속박변항도 될 수 있다.

$$(\lambda y.\ \underline{y}z)\quad \underline{y}$$

속박변항 자유변항

$$\lambda x.\lambda y.(\lambda z.x\underline{y}z)y$$

자유변항

속박변항

'속박'의 의미는 λ-연산자가 직접 관할하는 본체에만 해당한다는 점을 유의해야 할 것이다.

E의 자유변항 FV(E)는 다음과 같다.

① 임의의 상수 C에 대하여 $FV(C) = \varnothing$
② $FV(x) = \{x\}$
③ $FV(E_1E_2) = FV(E_1) \cup FV(E_2)$
④ $FV(\lambda_x.E) = FV(E) - \{x\}$

예를 들어, $FV((\lambda_x.x)y) = \{y\}$가 되고, $FV((\lambda_x.x)x) = \{x\}$이다. ④의 경우, $FV(\lambda_x.xyz) = \{y, z\}$가 된다. $FV(E) = \varnothing$인 λ-표현을 닫힌(closed) 표현이라고 한다.

3.2 대체(substitution)

λ-연산에서 대체의 개념은 매우 중요하다. 대체는 항상 λ-표현의 자유변항에 대해서만 이루어진다.

$$[x := y]((\lambda z.zx)(\lambda x.x))$$
$$= ([x := y]\lambda z.zx)([x := y]\lambda x.x)$$
$$= (\lambda z.zy)(\lambda x.x)$$

$(\lambda_x.x)$에서 x는 속박변항이기 때문에 $[x := y]$가 아무런 영향을 끼치지 못함을 알 수 있다. 중요한 것은 대체의 결과 자유변수가 속박변항으로 되어서는 안된다는 사실인데, 대체규칙을 요약하면 다음과 같다.

① 임의의 변수 v를 E_1으로 대체하면 물론 E_1이 된다.
$v[v := E_1] = E_1$

② v와 다른 변항 x에 대하여,
$x[v := E_1] = x$

③ 임의의 상수 c에 대하여,
$c[v := E_1] = c$

④ 연산자와 피연산자가 있을 때 교체는 각각에 적용된다.
(Erator Erand) $[v := E_1] = (E[v := E_1]E[v := E_1])$

⑤ 교체는 λ-표현의 자유변항에만 적용된다.
$(\lambda_v.E)[v := E_1] = (\lambda_v.E)$

⑥ $x \neq v$이고 x가 E_1에서 자유변항으로 나타나지 않는다는 조건하에서 다음이 성립한다.
$(\lambda_x.E)[v := E_1] = \lambda_x.(E[v := E_1])$

⑦ 위의 경우 $x \neq v$이고, x가 E_1에서 자유변항으로 나타나면 먼저 x를 새로운 변항 z로 바꿔주어야 한다.
$\lambda_z.(E[x := z][v := E_1])$

이때 $z \neq v$이고 또한 E나 E_1에서 자유변항으로 나타나서는 안된다.

이상의 규칙들을 활용하여 다음의 경우를 살펴보자.

$$(\lambda_y.(\lambda_f.fx)y)\ [x := fy]$$

여기에서 속박변항 y가 E_1 속에 자유변항으로 등장하기 때문에 ⑦에 의해 먼저 이 속박변항의 이름을 바꿔주면,

$$\lambda_z.((\lambda_f.fx)z)\ [x := fy]$$

가 되고, ④에 의해 연산자와 피연산자에 대체가 각각 적용된다.

$$\lambda_z.((\lambda_f.fx)\ [x := fy]\ z\ [x := fy])$$

②에 의해, $\lambda_z.((\lambda_f.fx)\ [x := fy]z)$가 되는데 $f \in Fv(fy)$이므로 다시 ⑦에 의해, $\lambda_z.(\lambda_g.(gx)\ [x := fy])z$가 되고 이제 대체에 아무런 문제가 없으므로 시행을 하면 최종결과는 $\lambda_z.(\lambda_g.g(fy))z$가 된다.

이데올로기 = 관념적 족쇄
긍지와 자부심 = 자아의 감옥
시간의 지배자 = 인생의 지배자

4. 환원(Reduction)

4.1 α-재명명(α-renaming)

속박변항의 이름은 중요하지 않다. 그래서 수학에서는 임시변수(dummy variable)라고도 부른다.

$$(\lambda_x.x^2 + 1) = (\lambda_z.z^2 + 1)$$
$$\lambda_y.(x + y)(x - y) = (\lambda_z.(x + 2)(x - 2)$$

이렇게 속박변항의 이름을 바꿔주는 것을 α-재명명 또는 α-환원이라고 한다.

$$\lambda_v.E \xrightarrow[\alpha]{} \lambda_w.E\ [\,v := w\,]$$

이때 w는 E에 나타나서는 안된다. 아래의 예는 모두 α-환원이 올바로 적용된 경우들이다.

$$\lambda_y.(\lambda_f.fx)y \xrightarrow[\alpha]{} \lambda_z.(\lambda_f.fx)z$$
$$\lambda_z.(\lambda_f.fx)z \xrightarrow[\alpha]{} \lambda_z.(\lambda_g.gx)z$$

여기에서 주의해야 할 점이 있는데, 그것은 원래 자유변항이었던 것이 α-환원에 의해 속박변항이 되어서는 안된다는 것이다. 이를 변항포획(variable capture)이라고 한다.

$$\lambda y(x + y)(x - y) \xrightarrow[\alpha]{\not\quad} \lambda x(x + x)(x - x)$$
$$\lambda x.\lambda y.xy \xrightarrow[\alpha]{\not\quad} \lambda y.\lambda y.yy$$

변항포획을 피하기 위해서는 원래의 속박변항을 λ-환원에 의해 바꿔 주어야 한다. [z : = x] (λ_x.zx)와 같은 경우 원래의 자유변항 z가 대체결과 x가 되어 속박변항이 되므로 부당한 대체가 된다. 그래서 최초의 속박변항 x를 새이름 v로 바꿔주고 나서 대체를 시행하면 된다.

$$[z := x] (\lambda v.zv) = \lambda v.xv$$

일반화해서 다음과 같은 λ-환원은 부당하다.

$$[z := B[y]] (\lambda y.A [\cdots y \cdots z \cdots]) \underset{\alpha}{\not\longrightarrow} (\lambda y.A [\cdots y \cdots B[y] \cdots])$$

여기에서도 최초의 속박변항 y를 u로 바꾸어주고 대체를 시행하면 안전하다. 앞에서 나온 대체규칙 ⑥, ⑦은 변항포획을 피하기 위한 규칙들이었다.

4.2 β-환원(β-reduction)

함수는 논항에 적용시키는 것을 β-환원이라 하는데, 본체(body)에 있는 모든 자유변항을 논항으로 대체시키는 것이다.

$$(\lambda v.M)a \underset{\beta}{\longrightarrow} M[v := a]$$

여기에서 좌변을 β-redex라 하고, 우변을 축약형(contractum)이라 한다.[9] β-환원이 수행되고 나서 더 이상 환원할 수 없을 때의 형태를 정상형태(normal form)이라고 한다. 다음은 β-환원의 사례들이다.

$$(\lambda_x.xy)z \underset{\beta}{\longrightarrow} zy$$

$$(\lambda x.y)z \underset{\beta}{\longrightarrow} y$$

$$(\lambda y.(\lambda z.a(yz)))bc \underset{\beta}{\longrightarrow} (\lambda z.a(bz))c \underset{\beta}{\longrightarrow} a(bc)$$

모든 λ-표현이 정상형태를 갖는 것은 아니다.

9) 우변에서 좌변으로 진행하는 것을 β-추상(β-abstraction) 규칙이라고 한다.

$$(\lambda_x.xxx)(\lambda_x.xxx) \longrightarrow (\lambda_x.xxx)(\lambda_x.xxx)(\lambda_x.xxx)$$

이는 프로그래밍 언어에서 반복실행명령을 할 때 중요한 의미를 지닌다.

경우에 따라 β-환원에 앞서 α-재명명을 해야 하는 필요가 생긴다. 다음은 논항이 함수인 경우 잘못된 환원의 예이다.

$$(\lambda_x.\lambda y.xy)\lambda z.\underline{y}z \not\longrightarrow \lambda y(\lambda z.\underline{y}zy)$$

자유변항 속박변항

그래서 속박변항 y를 v로 바꾸어주고 나서 β-환원을 수행해야 한다.

$$(\lambda_x.\lambda v.xv)\lambda z.yz \xrightarrow[\beta]{} \lambda v.(\lambda z.yzv)$$

λ-추출자가 여러 개 있을 수 있는데, 이런 경우 논항은 왼쪽으로부터 오른 쪽으로 가면서 쓰여진다.

$$(\ (\ (\ \lambda_x.(\ \lambda y.(\lambda z.x + y + z\ )\ )\ )\ 3\ )\ 5\ )\ 7$$

4 3 2 1 0 0 1 2 3 4

λ_x는 첫 번째 논항 3을 사용하고, λy는 두 번째 논항 5를, λz는 세 번째 논항 7을 사용해서 이 λ-표현은 3 + 5 + 7 = 15로 환원된다. 이로부터 적용(application)의 일반식을 도출할 수 있다.

$$\lambda(x_1,\ x_2,\ \cdots,\ x_n),\ M)N_1)N_2)N_3\ \cdots\ N_n \xrightarrow[\beta]{}$$
$$M(x_1 := N_1,\ x_2 := N_2,\ \cdots,\ x_n := N_n)$$

충분한 수 이상의 논항이 있을 수 있는데, 이때 β-환원을 수행하고 남는 논항은 결과의 부분으로서 그대로 남겨두면 된다.

$$(\lambda_x.(\lambda y.yx))abcd \xrightarrow[\beta]{} bacd$$

4.3 η-환원과 δ-환원

본체 M 속에 자유변항으로 나타나지 않는 v가 λ-추출자가 되는 경우 이런 v는 무시하는 것이 η-환원이다.

$$\lambda v.(Mv) \xrightarrow[\eta]{} M$$

다만 M이 상수일 경우에는 η-환원이 적용되지 않는다.

$$\lambda v.(5v) \not\longrightarrow 5$$

그리고 M이 기정의된 함수일 경우에는 언제나 유효하다.

$$\lambda x.(sqrx) \xrightarrow[\eta]{} sqr$$
$$\lambda x.(add5x) \xrightarrow[\eta]{} (add5)$$
$$\lambda n.(mul2n) \xrightarrow[\eta]{} (mul2)$$

마지막으로 응용 λ-연산의 경우에 기정의된 함수를 적용시키는 것이 δ-환원이다.

$$(add\ 3\ 5) \xrightarrow[\delta]{} 8$$
$$(succ\ 1\ 3) \xrightarrow[\delta]{} 14$$
$$(mul\ 4\ 7) \xrightarrow[\delta]{} 28$$

이제까지 4가지 기본환원방식을 점검해왔는데 대개 이 네 가지가 혼재되어 있는 경우가 흔하다. 예로서 β · δ-환원을 보도록 하자.

$$(((\lambda f.(\lambda_x.(f(fx))))sqr)3)$$
$$\xrightarrow[\beta]{} ((\lambda_x.(sqr)\ (sqrx)))3$$
$$\xrightarrow[\delta]{} (sqr(sqr3))$$
$$\xrightarrow[\delta]{} (sqr9)$$
$$\xrightarrow[\delta]{} 8\ 1$$

5. 환원전략

5.1 정상순서환원(normal order reduction)과 적용순서환원(applicative order reduction)

모든 λ-표현이 정상형태로 환원될 수 없다는 사실을 우리는 이미 앞에서 보았다. 만일 정상형태가 존재한다면 이에 도달하는 방법은 한 가지 뿐인가? 이 질문에 대답하기 위해 다음과 같은 β-redex를 환원시켜보자.

$$P = (\lambda x.(\lambda y.(add\ \ y((\lambda z.(mul\ \ x\ \ z))3)))7)5$$

A.

$$\xrightarrow[\beta]{} (\lambda y.(add\ \ y)((\lambda z.(mul\ \ 7\ \ z))3))5$$
$$\xrightarrow[\beta]{} (add\ \ 5((\lambda z.(mul\ \ 7\ \ z))3))$$
$$\xrightarrow[\beta]{} (add\ \ 5(mul\ \ 7\ \ 3))$$
$$\xrightarrow[\beta]{} (add\ \ 5\ \ 21)$$
$$\xrightarrow[\delta]{} 26$$

그러나 똑같은 결과에 도달하는 다른 방법이 있다.

B.

$$P \xrightarrow[\beta]{} (\lambda_x.(\lambda y.(add\ \ y(mul\ \ x\ \ 3)))7)5$$
$$\xrightarrow[\beta]{} (\lambda y.(add\ \ y(mul\ \ 7\ \ 3)))5$$
$$\xrightarrow[\beta]{} (\lambda y.(add\ \ y\ \ 21))5$$
$$\xrightarrow[\beta]{} (add\ \ 5\ \ 21)$$
$$\xrightarrow[\beta]{} 26$$

A와 같은 방식을 정상순서환원이라고 하는데, 이는 가장 왼쪽으로부터 시작하여 점점 안쪽으로 환원을 수행하는 방식이다.

이에 반하여 B방식은 안쪽에서 시작하여 바깥쪽으로, 즉 하위 표현들 사이에서 환원을 수행하는 것인데, 말하자면 그때그때 가능한 경우에 δ-환원을 먼저 수행하는 방식이다. 즉 $(\lambda_x.Ma)b$와 같은 경우 본체 M 자신이 또한 함수이고 그에 대한 논항 a가 주어졌을 때 여기에서부터 환원을 시작하는 방식이다. 이런 환원을 적용순서

환원(applicative order reduction)이라고 한다.[10)]

정상순서환원과 적용순서환원 사이에 중요한 차이가 있는데 그것은 정상형태가 존재하는 경우 정상순서환원은 이에 도달할 수 있는데 반하여 적용순서환원은 그렇지 못하다는 점이다.

$$A: (\lambda y.5)((\lambda x.xx)(\lambda x.xx)) \longrightarrow 5$$

$$B: (\lambda y.5)((\lambda x.xx)(\lambda x.xx))$$

$$\longrightarrow (\lambda y.5)((\lambda x.xx)(\lambda x.xx))$$

$$\longrightarrow \cdots$$

어떤 경우에서건 β-redex를 신속하게 확인하는 것이 중요하다. (λv.M)a와 같은 경우에는 E_1E_2가 분명히 드러나지만 대개의 경우 이 보다 훨씬 복잡한 표현들이 많다. 아래의 경우를 수형도로 분석해보자.

$$(((\lambda x.\lambda y.(add\ x\ y))((\lambda z.(succ z))5))((\lambda w.(sqr w))7))$$

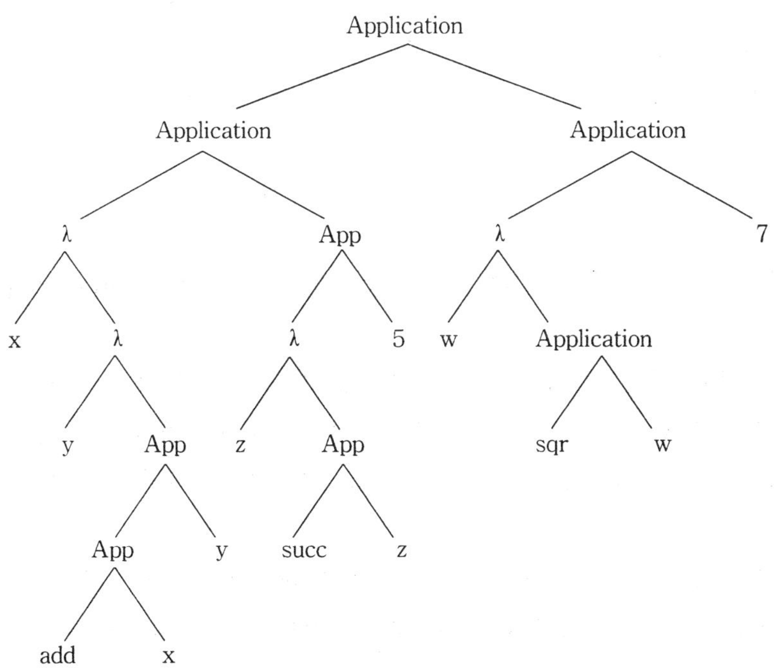

10) 프로그래밍 언어에서는 정상환원과 적용환원을 각각 'call-by-name' 그리고 'call-by-value'라고 부른다.

표기법에서 '좌측결집'의 원칙을 기억하면 각 괄호가 어떻게 연관을 맺는지 어렵지 않게 추정할 수 있다. 결과는 55이다.

5.2 Church-Rosser 정리 I, II

앞에서 정상형태를 구하는 데에는 한 가지 이상의 환원방법이 있으며 각각 동일한 정상형태에 도달하는 것을 확인하였다. 이를 쳐치-로서정리 1이라고 한다.

정리 1 : E, F, G가 λ-표현이고, E → F이고 E → G이면 F → H이고 G → H인 그런 H가 존재한다.

하나의 사례를 통하여 이 정리를 검토하도록 하자.

E : $(\lambda_x.(\lambda y.yx)z)v$

F : $(\lambda y.yv)z$

G : $(\lambda_x.zx)v$

H : zv

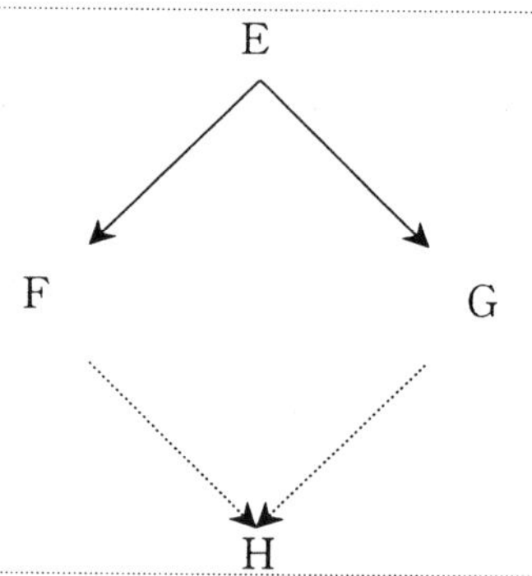

이런 성질은 다이어먼드 특성(diamond property) 또는 합류성(confluence property)이라고 한다.

앞에서 만일 정상형태가 존재하는 경우 정상순서환원은 이에 도달할 수 있음을 보장한다는 사실을 보았는데 쳐치-로써 정리 2는 바로 이 사실을 의미한다. E가 λ-표현이고 N이 E의 정상형태일 경우 E에서 N으로 가는 정상순서환원이 반드시 존재한다는 것이다.

각 λ-표현들은 유형(type)를 가지고 있는데, 이에 대해서는 다른 기회에 취급하고자 한다. 여기에서는 λ-연산의 기본적인 연산의 소개에 초점을 맞추었다.

연습문제 Ⅱ-4

※ 다음 λ-표현들을 산정하라.

1. $((\lambda x.(x\ y))(\lambda z.z))$

2. $((\lambda x.((\lambda y.(x\ y))x))(\lambda z.w))$

3. $((((\lambda f.(\lambda g.(\lambda x.((fx)(g\ x)))))(\lambda m.(\lambda n.(n\ m))))(\lambda n.z))p)$

4. $((\lambda f.((\lambda g.((f\ f)g))(\lambda h.(k\ h))))(\lambda x.(\lambda y.y)))$

5. $((\lambda f.\lambda x.z+f(x))(\lambda z.z+x))z$

6. $((\lambda f.\lambda x.x+(fx))((\lambda z.z-2))((\lambda h.h+2)3)$

7. $(\lambda x.((\lambda f.\lambda g.g+f(x))(\lambda z.z+x))((\lambda h.h+h)3))8$

인문수학편

I

수학의 통일 : 집합

1. 집합의 정의

집합이라는 용어는 현대적인 의미로 쓰이기 전에는 '모음', '류', '그룹', '무리', '떼' 등의 여러 가지 변이형으로 쓰인 친숙한 일상 용어 중의 하나였다. 어떤 어휘를 쓰든 간에 집합과 떼어 생각할 수 없는 또 하나의 용어가 있는데 그것은 바로 '원소'의 개념이다. 원소가 없는 집합은 매우 특수한 경우이기 때문이다. 어떤 관점에서 공통적인 성질을 가지고 있는 원소들은 모여서 하나의 집합을 만든다. 즉 칸토어의 정의에서 보는 것처럼 어떤 특성에 의해서 하나의 전체로 결합되는 일정한 원소들의 총체를 집합이라고 한다. 그래서 국어의 자음의 집합이라든가 요일들의 집합에 대해 우리는 말할 수 있는 것이다. 그러니까 집합을 말하기 위해서는 첫째, 사고범위가 확정되어야 하고 둘째, 개개원소의 불변성과 판별성이 보장되어야 한다고 말할 수 있겠다. 우주에 존재하는 전자들의 모임이나 예쁘게 생긴 여자들의 모임은 집합이라고 볼 수 없는데, 전자는 수시로 발생, 소멸하기 때문에 불변성이 결여되었으며, '예쁜 여자'라는 개념에는 판별성이 없기 때문이다.

집합은 보통 영어의 대문자 A, B, C, …, x, y, z로 나타내고 원소는 소문자 a, b, c, …, x, y, z로 나타낸다. A={a, b, c, d}={d, a, c, b}로서 집합의 원소들은 배열할 때 순서를 고려할 필요가 없다. 집합과 원소의 개념으로부터 즉시 소속관계

(membership relation)라는 개념을 도출할 수 있으며 'a ∈ A'라고 표기한다.

소속의 부정을 나타내기 위해 '∉' 기호를 쓰며 여기의 예에서 'm ∉ A'이다.

위의 예에서 A={a, b, c, d}로 B={d, a, c, b}로 각각 명명할 수 있는데 집합에서 원소의 순서는 변별성이 없으므로 이 두 집합은 상등(相等)이다.[1] 즉 A=B이다.

집합을 나타내는 데에는 외연적 방식과 내포적 방식이 있다. 외연적 방식은 이조시대의 국왕 = {태조, 정종, 태종, 세종, …, 고종} 식으로 원소를 모두 나열하는 것인데, 이 방식은 무한집합이나 원소의 수가 많은 경우에는 부적당하다. 이런 경우에는 대개 내포적 방식으로 집합을 기술한다.

이조시대의 국왕 = {x | x는 이조세대의 국왕}

이때 수직선 " | "는 영어로 'such that'을 의미하며 일반적으로 E = {x | Px}로서 P는 원소의 속성을 뜻한다.

【예제 I.1】 1. $x^2 + 1 = 0$을 만족하는 실수의 집합의 내포와 외연을 구하라.

답 내포 : $\{x \in R \mid x^2 + 1 = 0\}$
외연 : ∅

2. 짝수의 집합

외연 : {2, 4, 6, …}
내포 : $\{2n \mid n \in N\}$

때론 집합 E의 원소의 개수가 필요한 경우가 있는데 이를 기수(cardinal number) 또는 농도(power)라고 하며 | E |로 표기한다. E가 {고양이, 개, 토끼}일 때, | E | = 3이다.

두 개의 원소만을 고려해야 할 경우도 있는데, 그런 집합을 쌍(pair)이라고 한다. 또 단 하나의 원소만을 가진 집합을 고려할 경우도 있는데 그런 집합을 단위집합(singleton)이라고 한다. 하나의 원소와 그 원소가 속해 있는 단위집합은 같지 않다는 점을 유념하자.

1) 형식적 정의는 $\forall x\,[(x \in A) \leftrightarrow (x \in B)]$

$$a \in \{a\}$$
$$a \neq \{a\}$$

예를 들어 말하자면, 모자와 모자가 들어있는 상자는 다른 것이다. 나아가서 공집합을 고려할 필요가 있는데, 공집합은 문자 그대로 원소가 하나도 없는 집합으로서 $\varnothing$로 표기한다.

모든 집합은 새로운 집합의 원소가 될 수 있다. 즉, 집합 자체가 하나의 대상이 되는 셈이다.

아래와 같은 집합이 있다고 하자.

$$A = \{a, b, c, d, \cdots\}$$
$$\alpha = \{A, B, C, D, \cdots\}$$
$$A = \{\alpha, \beta, \gamma, \delta, \cdots\}$$

집합들 간에 $a \in A \in \alpha \in B$와 같은 위계질서가 생기는 것이다.

소속의 개념에 이어 또 하나의 핵심적인 개념이 포함관계(relation of inclusion)인데 다음과 같이 정의된다.

$$A \subseteq B \equiv (\forall x)(x \in A \rightarrow x \in B)$$

이때 "A는 B의 부분집합이다", "A는 B에 포함되어 있다", "B는 A를 포함한다"라고 말한다. 등호가 없는 경우 A를 B의 진부분 집합이라고 한다. 정의상 하나의 집합은 그 자신에 포함되어 있고 한다. 소속개념이 비재귀적인데 반해 포함개념은 재귀적이다.

$$a \not\in a$$
$$A \subset A$$

앞에서 본 단위집합의 개념을 사용해서 동일한 내용을 두 가지 형태로 나타낼 수 있다.

$$a \in E \leftrightarrow \{a\} \subset E$$

【예제 1.2】 A = {b, {c}}일 때 아래의 관계가 성립한다.

i) $b \in A$
ii) $\{c\} \in A$
iii) $\{\{c\}\} \subset A$
iv) $\{b, \{c\}\} \subset A$

포함관계는 비대칭이다. 만일 대칭인 경우 즉 A⊂B와 B⊂A가 성립한다면 두 집합 A, B는 동일한 집합이다.

【예제 1.3】 우리말의 "… 이다"는 문맥에 따라서 세 가지 관계를 나타낸다.

i) 고래는 포유류이다 : 포함관계 (⊂)
ii) 철수는 학생이다 : 소속관계 (∈)
iii) 철수는 바보다 : 동일성 (=)

【예제 1.4】 공집합 ∅은 $\{x \in A \mid x \neq x\}$로 정의되는데 모든 집합 A에 대해 다음 식이 성립함을 증명하라.

$$\varnothing \subset A$$

답 만일 ∅가 A에 속하지 않는 원소를 가졌다면 이 명제는 참이 아니다. 그런데 ∅는 아무런 원소도 없으므로 그것은 불가능하다.

주어진 집합 E로부터 이 집합의 모든 부분집합을 구성할 수 있는데 이런 집합을 멱집합(power set)이라고 한다.

E = {a, b, c, d}라 할 때,

$$P(E) = \{X \mid X \subseteq E\}$$

∅와 E도 E의 부분집합이므로,

$$\mathbf{P}(E) = \{\varnothing, \{a\}, \{b\}, \{c\}, \{d\}, \{a, b\}, \{a, c\}, \{a, d\}, \{b, c\}, \{b, d\}, \{c,d\}, \{a, b, c\}, \{a, b, d\}, \{a, c, d\}, \{b, c, d\}, \{a, b, c, d\}\}$$

가 된다. 이로부터 다음 식이 성립함을 알 수 있다.

$$X \in \mathbf{P}(E) \leftrightarrow X \subseteq E$$

【예제 Ⅰ.5】 $E = \{3, \{1, 4\}\}$일 때 $\mathbf{P}(E)$는?

답 $\mathbf{P}(E) = \{\varnothing, \{3\}, \{\{1, 4\}\}, E\}$

【예제 Ⅰ.6】 집합 A의 개수는 n이라 할 적에 $|\mathbf{P}(A)| = 2^n$이 성립함을 보여라.

증명 i. 이 정의는 $A=\varnothing$에 대해서 참이다.

$A \neq \varnothing$인 경우, $A=\{a_1, a_2, \cdots, a_n\}$라 하자.

$a_k \in A$라 하면, A의 각 부분집합은 두 가지 가능성, 즉 a_k를 포함하는 경우와 포함하지 않는 경우를 갖는다. 따라서 A의 부분집합의 갯수를 구하는 문제는 n개의 빈칸 □□□…□에 각각 0과 1을 채우는 문제로 바꾸어서 생각할 수 있다. 이와 같은 공백을 채우는 방법은,

$$\underbrace{2 \times 2 \times 2 \times \cdots \times 2}_{n} \text{ 이므로}$$

정확히 2^n가지가 된다. ■

따지는 것이 실수의 원인이다.

- Hamlet -

2. 집합의 연산

연산(operation)이란 주어진 집합에 어떤 작용을 가하여 새로운 집합을 만드는 절차이기 때문에 그 역할이 매우 중요하다.

2.1 교집합

두 집합의 교집합은 두 집합에 공통으로 속하는 원소들로 이루어진 제 3의 집합이다.

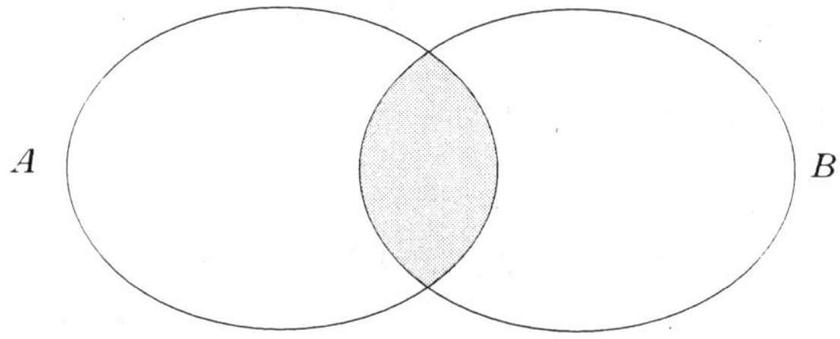

$A \cap B = \{x \mid x \in A,\ 그리고\ x \in B\}$

'함수'라는 용어가 그러하듯, '교집합'이라는 용어는 연산 자체를 의미할 수도 있고 연산의 결과를 의미하기도 한다. 연산으로서의 교집합은 다음과 같은 속성을 지니고 있다.

- 흡수성 : $A \cap \varnothing = \varnothing$
- 멱등성 : $A \cap A = A$
- 교환성 : $A \cap B = B \cap A$
- 결합성 : $(A \cap B) \cap C = A \cap (B \cap C)$

2.2 차집합

집합 A에서 집합 B를 빼면, A 집합에만 속하고 B 집합에는 속하지 않는 제 3의 집합이 형성된다.

$$A-B = \{x \mid x \in A \text{ 그리고 } x \notin B\}$$

2.3 합집합

임의의 두 집합의 합집합이란 이 두 집합의 어느 한 쪽에 속하는 원소들로 구성된 새로운 집합을 의미한다.

$$A \cup B = \{x \mid x \in A \text{ 또는 } x \in B\}$$

교집합과 합집합의 연산으로부터 흥미로운 사실을 볼 수 있는데, 교집합은 합집합에 대해 그리고 합집합은 교집합에 대해 각각 분배법칙이 성립한다.

$$A \cap (B \cup C) = (A \cap B) \cup (A \cap C)$$
$$A \cup (B \cap C) = (A \cup B) \cap (A \cup C)$$

이러한 사실은 자명한 일이 아닌데, 위에서 본 차집합은 합집합과 교집합에 대해 분배법칙이 성립하지 않기 때문이다.

$$A \setminus (B \cup C) = (A \setminus B) \cap (A \setminus C)$$
$$A \setminus (B \cap C) = (A \setminus B) \cup (A \setminus C)$$

곱셈은 덧셈에 대해서 분배적이지만 덧셈은 곱셈에 대해서 분배법칙이 성립하지 않는다.

$$c(a+b) = ca + cb$$
$$a + (b \times c) \neq (a+b) \times (a+c)$$

2.4 대칭차

두 집합의 대칭차란 두 집합 중 어느 한 쪽에만 속하는 원소들로 구성된 집합을 말한다.

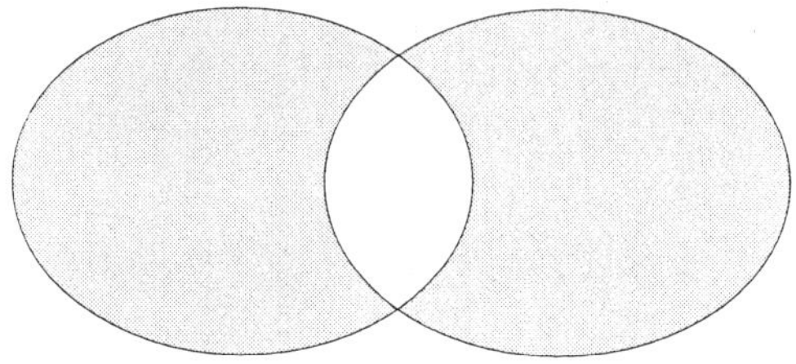

A△B = {x | x∈A 그리고 x∉B 또는 x∉A 그리고 x∈B}

이 표현은 아래의 식과 동치이다.

$$A \triangle B = (A \setminus B) \cup (B \setminus A)$$
$$A \triangle B = (A \cup B) \setminus (A \cap B)$$

그리고 대칭차는 아래와 같은 속성을 지닌다.

- $A \triangle (B \triangle C) = (A \triangle B) \triangle C$
- $A \triangle B = B \triangle A$
- 만일 $A \triangle B = A \triangle C$ 라면 B=C이다.
- $A \cap (B \triangle C) = (A \cap B) \triangle (A \cap C)$

2.5 상보화(complementation)

이 개념을 도입하기 전에 먼저 '전체집합'의 개념을 말해야 하는데 이는 고려의 대상이 되고 있는 담화의 세계를 의미한다. U가 자연수이고 A가 짝수들의 집합일 때 $\overline{A}$는 홀수들의 집합이 된다.

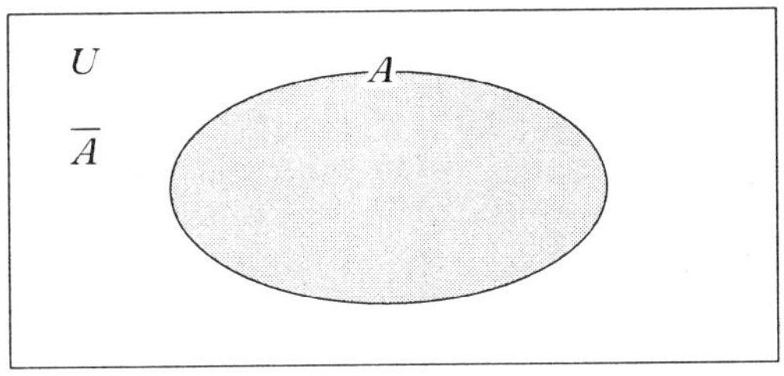

$$\overline{A} = \{x \mid x \in U \text{ 그리고 } x \notin A\}$$

이런 $\overline{A}$를 보집합 또는 여집합이라고 한다.

$A \cup \overline{A}$은 언제나 U가 되고 $\overline{\varnothing} = U$, $\overline{U} = \varnothing$가 성립됨은 즉각적이다.

집합론에는 쌍대(雙對)의 원리가 있는데 아래에서 왼쪽열의 법칙들에서 ∩을 ∪로, ∅을 U로, U을 ∅로 바꾸어 주면 오른쪽 열의 법칙들이 된다.

$A \cap B = B \cap A$	$A \cup B = B \cup A$
$(A \cap B) \cap C = A \cap (B \cap C)$	$(A \cup B) \cup C = A \cup (B \cup C)$
$A \cap \varnothing = \varnothing$	$A \cup U = U$
$A \cap U = A$	$A \cup \varnothing = A$
$A \cup A' = U$	$A \cap A' = \varnothing$
$\overline{A \cap B} = \overline{A} \cup \overline{B}$	$\overline{A \cup B} = \overline{A} \cap \overline{B}$

Ne soyez pas plus sages qu'il ne faut, mais soyez sobrement sages.
(필요 이상으로 현명하지 말고 검소하게 현명하시오!)

– Montaigne –

3. 집합족

일반화된 합집합과 교집합의 연산을 위해 집합족을 도입할 필요가 생긴다. 집합들의 클래스 K가 주어졌을 때 두 연산은 다음과 같이 정의된다.

$$\cap\ K \overset{df}{=} \{ x \mid (\forall Y)(Y \in K \to x \in Y) \}$$

$$\cup\ \cup\ K \overset{df}{=} \{ x \mid (\exists Y)(Y \in K \wedge x \in Y) \}$$

【예제 1.7】 K = {{1, 2, 3}, {2, 3, 4}, {3, 4, 5}}일 때 ∩K와 ∪K는?

답 {3}, {1, 2, 3, 4, 5}

다음과 같은 집합들이 있다고 하자.

$$A_1 = \{1, 10\}$$
$$A_2 = \{2, 4, 6, 10\}$$
$$A_3 = \{3, 6, 9\}$$
$$A_4 = \{4, 8\}$$
$$A_5 = \{5, 6, 10\}$$

이런 경우, $\{A_1, \cdots, A_5\}$를 첨자집합족(indexed family of sets)이라 하고 i는 첨자(index)이며 I = {1, 2, 3, 4, 5}는 첨자집합(index set)으로 각각의 $i \in I$에 대해 하나의 집합 A_i가 대응된다. 이때,

$$\bigcup_{i \in I} A_i = \{ x \mid \exists\, i \in I\ (x \in A_i) \}$$

$$\bigcup_{i \in I} A_i = \{ x \mid \forall\, i \in I\ (x \in A_i) \}$$

가 성립하고 보다 일반적으로 다음이 성립한다.

$$\bigcup_{i=1}^{n} A_i \equiv A_1 \cup A_2 \cup \cdots \cup A_n$$

$$\bigcap_{i=1}^{n} A_i \equiv A_1 \cap A_2 \cap \cdots \cap A_n$$

만일 관점을 첨자집합의 부분에 한정시킨다면, 예컨대 $J \subset I$ 일 때 아래 식이 성립한다.

$$\bigcup_{i \in J} A_i = \{ x \mid \exists\, i \in J \text{ s.t. } x \in A_i \}$$

$$\bigcap_{i \in J} A_i = \{ x \mid \text{모든 } i \in J\text{에 대해 } x \in A_i \}$$

위의 경우에서 $J = \{2, 3, 5\}$를 취하면,

$$\bigcup_{i \in J} A_i = \{ 2, 4, 6, 10, 3, 9, 5 \}$$

$$\bigcap_{i \in J} A_i = \{6\}$$

이 됨을 쉽게 확인할 수 있다. 이제부터 합집합에 대한 교집합의 분배법칙과 교집합에 대한 합집합의 분배법칙에 대해 알아보자.

> [정리 Ⅰ.1] ① $B \cap (\bigcup_{i \in I} A_i) = \bigcup_{i \in I} (B \cap A_i)$
>
> ② $B \cup (\cap \bigcup_{i \in I} A_i) = \cap \bigcup_{i \in I} (B \cup \cap A_i)$

①만 증명을 하고 ②는 각자가 꼭 해보기 바란다.

증명 (→) $x \in B \cap (\bigcup_{i \in I} A_i)$이면 $x \in B$이고 동시에 $x \in \bigcup_{i \in I} A_i$이다. 이때 I에 속하는 어떤 k가 있어 $x \in A_k$라면 $x \in B \cap A_k$이고 따라서 $x \in \bigcup_{i \in I} (B \cap A_i)$이다.

정의에 의해 $\{B\cap A_k\} \subset \bigcup_{i\in I}(B\cap A_i)$

$(\leftarrow)$ $y\in \bigcup_{i\in I}(B\cap A_i)$인 y가 있다고 하자. 그러면 어떤 k가 있어 $y\in B\cap A_k$

$$y \in B$$

$$y \in A_k \rightarrow y \in \bigcup_{i\in I} A_i$$

그래서 $y \in B\cap(\bigcup_{i\in I} A_i)$

따라서 $\bigcup_{i\in I}(B\cap A_i) \subset B\cap(\bigcup_{i\in I} A_i)$

$$\left.\begin{matrix} A\subset B \\ \\ B\subset A \end{matrix}\right] \rightarrow A = B$$

■

> [정리 1.2] 일반화된 분배법칙
>
> ① $(\bigcup_{i\in I} A_i) \cap (\bigcup_{j\in J} B_j) = \bigcup_{(i,\ j)\in I\times J} (A_i \cap B_j)$
>
> ② $(\bigcap_{i\in I} A_i) \cup (\bigcap_{j\in J} B_j) = \bigcap_{(i,\ j)\in I\times J} (A_i \cup B_j)$

여기에서도 ①만 증명하겠다.

증명 $x \in (\bigcup_{i\in I} A_i) \cap (\bigcup_{j\in J} B_j)$

$\Leftrightarrow$ $x \in (\bigcup_{i\in I} A_i)$ 그리고 $x \in (\bigcup_{j\in J} B_j)$

$\Leftrightarrow$ 어떤 $h\in I$에 대해 $x\in A_h$ 그리고 어떤 $k\in J$에 대해 $x \in B_k$

$\Leftrightarrow$ $x \in A_h\cap B_k$가 어떤 $(h,\ k)\in I\times J$에서 성립

$$\therefore\ x \in \bigcup_{(i,\ j)\in I\times J} (A_i \cap B_j)$$

■

연습문제 I

1. 다음의 명제들이 $A \subset B$와 동치임을 증명하라.
   (1) $A \cap B = A$
   (2) $A \cup B = B$
   (3) $B^c \subset A^c$
   (4) $A \cap B^c = \varnothing$
   (5) $B \cup A^c = U$

2. $(A \cup B)^c = A^c \cap B^c$

3. $A \cap (B \cup C) = (A \cap B) \cup (A \cap C)$

4. $Bn = [0, 1/n]$, $n \in N$일 때,
   (1) $\cap_{i \in I} Bi = ?$
   (2) $\cup_{i \in I} Bi = ?$

5. $B \cup (\cap_{i \in I} Ai) = \cap_{i \in I} (B \cup Ai)$를 증명하라.

6. 다음은 일반화된 De Morgan의 법칙이다. 이를 증명하라.
   (1) $(\bigcup_{i \in I} Ai)' = \bigcap_{i \in I} A'i$
   (2) $(\bigcap_{i \in I} Ai)' = \bigcup_{i \in I} A'i$

7. $\{Ai\}_{i \in I}$가 임의의 첨수집합족이고 $i_o \in I$일 때, 다음이 성립함을 보여라.

$$\cap_{i \in I} Ai \subset Ai_o \subset \cup_{i \in I} Ai$$

II

모든 것은 관계다

1. 정의

두 집합 A, B가 있을 때, 이 두 집합의 데카르트적(cartesian product)[2] $A \times B$는 다음과 같이 정의된다.

$$A \times B = \{ (a, b) \mid a \in A,\ b \in B \}$$

일반적으로, $A_1, A_2, \cdots, A_n$이 집합일 때 이 집합들의 데카르트적 $A_1 \times A_2 \times \cdots A_n$은 모든 순서쌍 $(a_1, a_2, \cdots, a_n)$들의 집합이다. 이때 $a_1 \in A_1, a_2 \in A_2, \cdots, a_n \in A_n$이다.

【예제 II.1】 $A = \{1, 2, 3, 4\}$

$B = \{a, e, i, o, u\}$일 때

$$\begin{aligned} A \times B = \{&(1, a), (1, e), (1, i), (1, o), (1, u) \\ &(2, a), (2, e), (2, i), (2, o), (2, u) \\ &(3, a), (3, e), (3, i), (3, o), (3, u) \\ &(4, a), (4, e), (4, i), (4, o), (4, u)\} \end{aligned}$$

---

2) 보통 "카테시안적"이라고 하는데 이는 옳지 않다. "cartésian"은 "Decartes"의 형용사인데 불어를 모르는 사람은 이것이 어디에서 나온 것인지 알 수 없다.

집합 E가 주어졌을 때, 이 집합에 대해 정의되는 이항관계란 E×E ($=E^2$)의 부분집합을 의미한다.

$$R \subset E^2$$

【예제 II.2】 E ={2, 3, 5, 6, 8, 10}
R을 약수관계라 하면,
R = {(2, 6), (2, 8), (2, 10), (3, 6), (5, 10)}이 된다.

일반적으로 A에서 B로 가는 관계 R은 A의 각 원소 x에 B의 부분집합을 결합시킨다.

$$R : A \rightarrow \mathbf{P}(B)$$

만일 순서쌍 (a, b)가 이 부분집합 R에 속해 있다면 (a, b)∈R, R(a, b) 또는 aRb라고 표기한다.

당신의 지혜가 이웃을 괴롭히는데 쓰이지 않나 살펴보시오.

2. 속성

어떤 관계에 대해 언급할 적에는 재귀성, 대칭성, 전이성의 여부를 검토해야 한다. 원소들이 맺는 기본적인 관계에는 다음과 같은 것들이 있다.

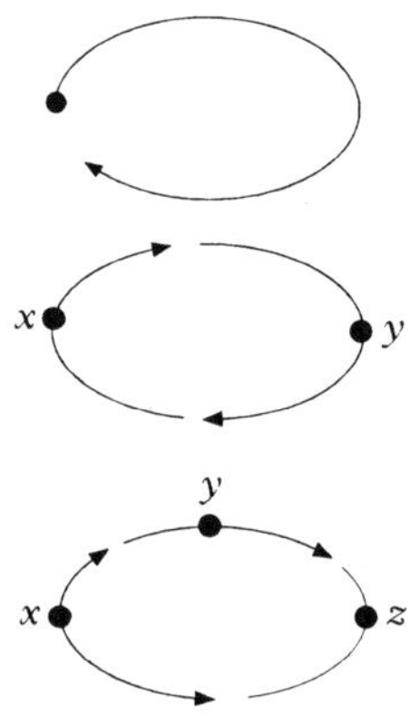

xRx : 재귀성

xRx
yRx] 대칭성

xRy
yRz
xRz] 전이성

이제부터 주어진 집합 E의 내부관계에서 이들의 속성을 자세하게 살펴보도록 하자.

2.1 재귀성

앞에서 본 것처럼 어떤 원소 x가 그 자신과 R의 관계에 있을 때 (xRx) 그것은 재귀적이다. 다음은 재귀적 집합의 사계이다.

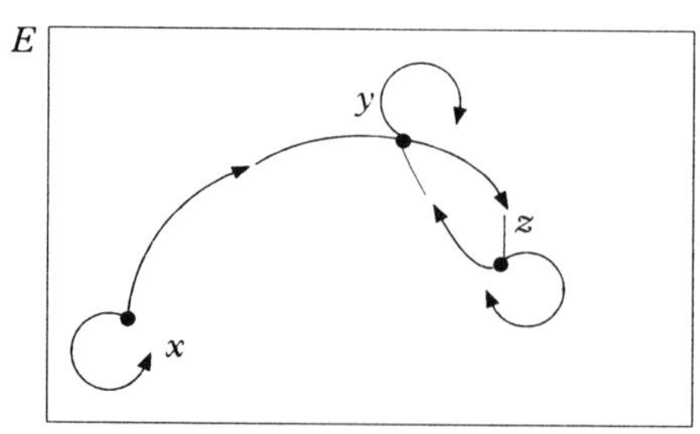

x가 y를 죽이는 것을 타살이라고 할 때 x가 자기 자신을 죽이는 것은 $x \xrightarrow{R} x$ 이 되어 “자살하다”는 동사는 재귀성의 대표적 경우가 되겠다. “자기 자신을 속이다”도 마찬가지 경우이다.

비재귀적 집이란 주어진 집합에서 적어도 하나의 원소가 있어 그 원소에 대해 재귀성이 성립하지 않는 경우이다. 아래에서 Z는 재귀적이 아니어서 집합 E는 비재귀적이다.

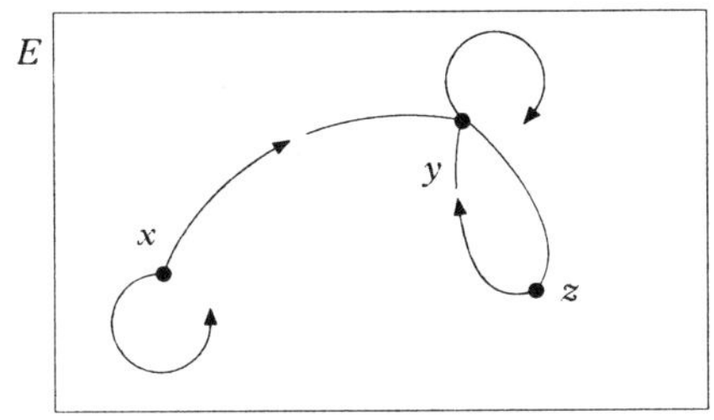

반재귀적 집합이란 주어진 집합의 모든 원소에 대해 재귀성이 성립하지 않는 경우를 말한다.

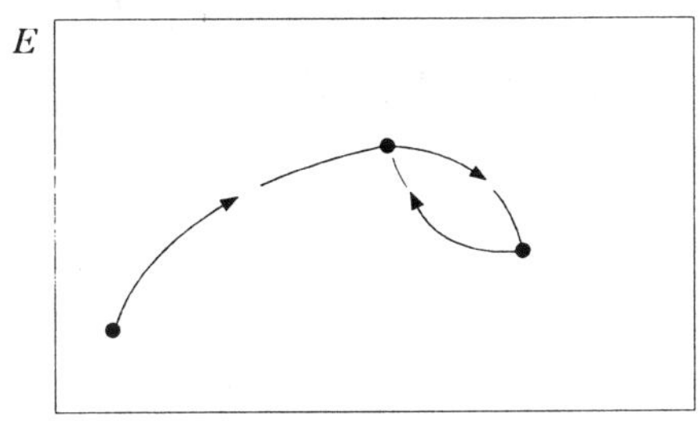

수직관계라든지 대소관계는 비재귀성의 전형적인 경우로 볼 수 있을 것이다.

2.2 대칭성

대칭적 집합은 형식적으로 ∀(x, y)(xRy → yRx)로 정의되며 다음은 그 사계이다.

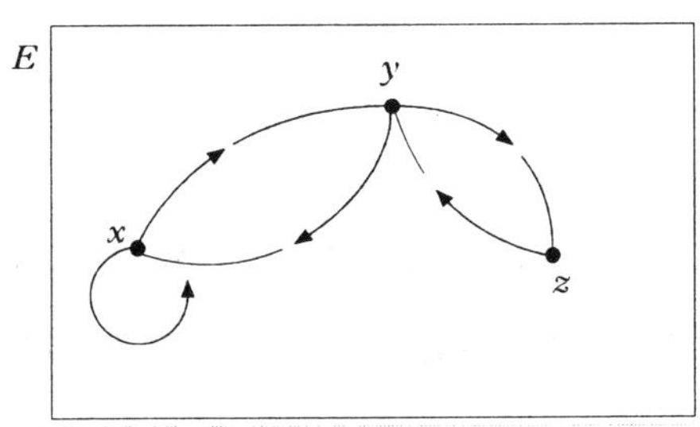

직선 l_1이 l_2에 수직이면, l_2도 l_1에 수직이다. A가 B와 결혼하면 B도 A와 결혼하는 것이 된다. A와 B가 다르면 B도 A와 다르다.

비대칭적 집합은 $\exists(x, y)(xRy \rightarrow \sim yRx)$로 정의되며 다음은 이 정의를 만족시킨다.

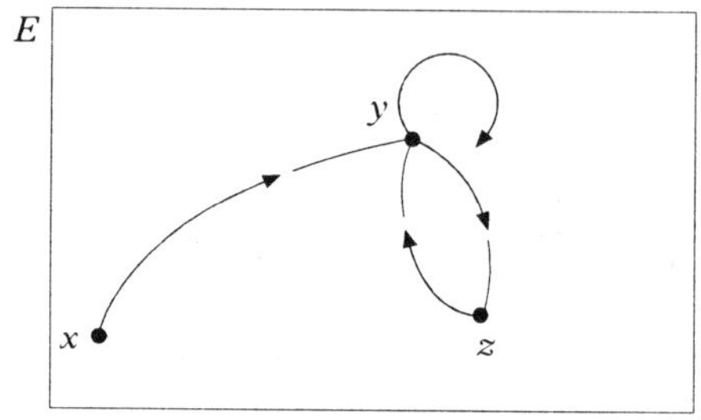

이 다이어그램에서 보면 x는 y를 사랑하지만 y는 x를 사랑하지 않는다. 이른바 짝사랑인 경우이다. 그러나 y와 z는 서로 사랑하므로 이 집합에서 대칭인 경우와 그렇지 않은 경우가 혼재해 있어서 그런 집합을 우리는 비대칭적 집합이라고 한다.

원소들 안에 전혀 대칭성이 없을 때는 반대칭 집합이라 하고, $\forall(x, y)(xRy \rightarrow \sim yRx)$로 정의된다.

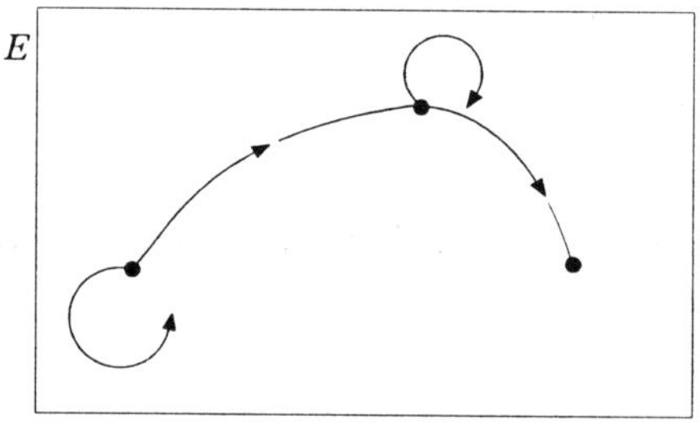

"명령하다", "복종하다", "… 보다 큰", "… 의 아내", "전후" 등은 대칭이 될 때가 없으므로 반대칭적 표현이라고 볼 수 있다.

2.3 전이성

사람들이 "나의 친구의 친구는 나의 친구"라고 말할 때 그는 우정관계의 전이성을 받아들이는 것이다. 후손관계 역시 대표적인 전이성을 나타낸다.

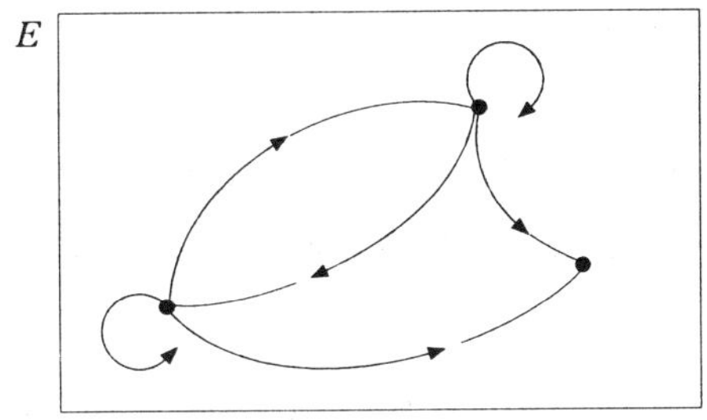

비전이 집합과 반전이 집합은 각각 다음과 같이 정의된다.

∴ 비전이성 : $\exists(x, y, z)\ \{(xRy) \wedge (yRz) \rightarrow \sim(xRz)\}$

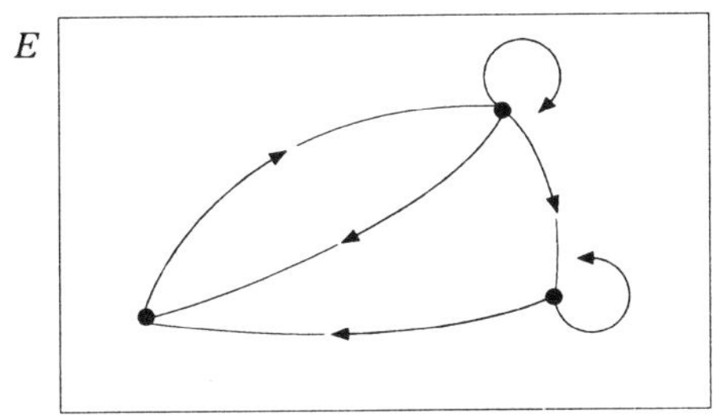

∴ 반전이성 : $\forall(x, y, z)\ \{(xRy) \wedge (yRz) \rightarrow \sim(xRz)\}$

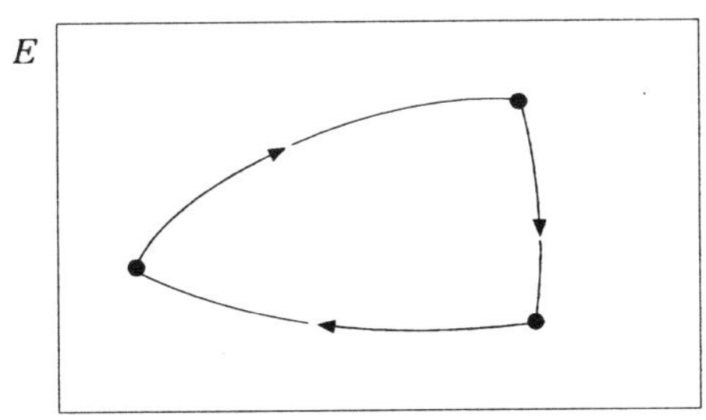

앞서 "사랑하다"의 경우에 보았듯이 이 세 가지 속성은 자연언어에서 관계를 나타내는 모든 동사들은 분류하는 기준이 될 수 있다. 관계를 취급할 때 이상의 세 가지 속성 이외에 또 하나의 중요한 속성이 있는데 이는 주어진 집합에서 임의의 두 원소를 비교할 필요가 있을 때 제기된다.

2.4 연관성 또는 비교가능성

집합 A에서 정의된 R이 연결성이 있다는 것은 A의 두 원소 x와 y에 대해서 (x, y)∈R이거나 (y, x)∈R 둘 중 하나가 반드시 성립한다는 의미이다.

$$(\forall x,\ y \in A)(x \neq y \rightarrow (x,\ y) \in R \lor (y,\ x) \in R)$$

이상의 네 가지 속성을 결합하면 흥미로운 관계들이 생겨나는데 동치관계와 순서관계가 바로 그러하다. 전자는 분류(classification)에서, 후자는 비교(comparison)에서 각각 중요한 기능을 수행한다.

원수의 하는 일이 어떻다 해도
거짓으로 향하는 내 마음이
내게 짓는 해악보다 못할 것이다.

- 법구경 -

3. 동치관계

집합 A에서 정해진 관계 R, 즉 A×A의 부분집합은 아래의 조건을 만족시킬 때 동치관계라고 한다.

i. A에 속하는 모든 원소 a에 대해서 $(a, a) \in R$

ii. 만일 $(a, b) \in R$이면, $(b, a) \in R$

iii. $(a, b) \in R$, $(b, c) \in R$ → $(a, c) \in R$

즉 동치관계란 재귀성, 대칭성, 전이성을 만족시키는 관계를 말한다.

삼각형의 상사관계는 동치관계이지만 포함관계는 반대칭이기 때문에 동치관계가 아니다. 동치관계는 어떤 집합의 요소들을 분류할 때 중요한 역할을 한다. 동치관계에 의해 분류된 클래스들을 동치류(equivalence class)라 하고, 이때 집합 A는 동치류로 분할되었다고 한다.

$$A = \{ C_1, C_2, \cdots, C_i, \cdots, C_n \}$$

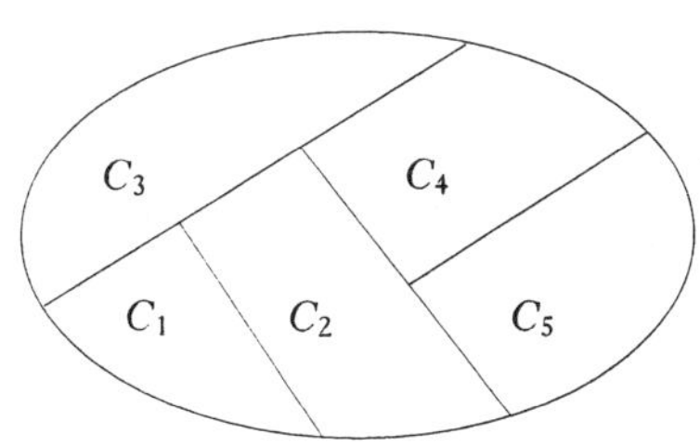

분할을 만족시키는 조건은 직관적으로 알 수 있다.

i. 임의의 두 동치류는 공통부분이 없다. 즉 A의 각각의 원소는 오직 하나의 동치류에만 속해야 한다.

$$C_i \cap Cj = \varnothing \ (i \neq j)$$

ii. 동치류들을 합하면 원래의 집합 A가 된다.

$$C_1 \cup C_2 \cup \cdots \cup C_n = A$$

분할의 예는 수없이 많다. 사람들을 성별, 나이, 국적, 직업 등으로 우리는 주어진 인구를 동치류로 분할할 수 있다. 다음은 '동연배'라는 관계에 의한 동치류의 사례이다.

	a	c	b	e	h	f	d	g
a	×	×						
c	×	×						
b			×	×	×			
e			×	×	×			
h			×	×	×			
f						×		
d							×	×
g							×	×

보는 바와 같이 여기에는 4개의 동치류가 있다. 한 원소 a의 동치류는 [a] 또는 Cl(a)로 표기되는데 동치관계에 의해 a와 연결된 모든 원소들의 집합을 의미한다.

$$[a] = \{ x \mid (a, x) \in R \}$$

동치류의 집합은 A/R로 표기하기도 하는데, 동치관계 R에 의한 A의 몫집합(quotient set)을 의미한다.

$$A/R = \{ [a] \mid a \in A \}$$

전통문법에서 어휘적 범주란 단어들의 집합 X를 몫집합 X/R에 적용하여 얻은 이른바 8품사를 말한다.

분할의 방식에 따라서 그 정밀도에 대해 말할 수 있다.

[정의 II.1] 동일한 집합에 대한 두 개의 분할 P와 P′이 있고, P′의 모든 집합이 P의 집합 속에 포함될 때 분할 P′은 P보다 더 섬세하다고 한다.

사례를 통해서 알아보도록 하자.

$$A = \{a, b, c, d, e, f, g, h, i\}$$
$$P_1 = / a, d, f, g, i / b, c, e, h /$$
$$P_2 = / a, g, i / d, f / b, c, e / h /$$
$$P_3 = / a, f, g, i / d / b, h / c, e /$$

여기에서 P_2의 모든 동치류는 P_1의 어떤 동치류에 포함되고, P_3 각각의 동치류 역시 P_1의 한 동치류에 포함된다. 따라서 P_2와 P_3는 각각 P_1보다 더 섬세하다고 말할 수 있다. 그러나 P_2와 P_3 사이에는 그러한 관계가 성립하지 않는다.

자신에게 매순간 끊임없이 일어났다 사라지는 상념들을 알아차리는 것 (*mindfulness*),
이것이 진정한 자유인이 되기 위한 출발점이다.

4. 동치관계의 응용

동치류의 원소들은 결코 서로 동일하지 않다. 그러나 그들의 차이에도 불구하고 원소들이 동치류를 구성하기 위해서는 단 하나의 관점에 대해 공통점을 갖는 것으로 충분하다. 언어학에서 예를 들어보자. 언어학은 경험과학이기 때문에 단순한 관찰의 수준을 넘어 실험의 수준에 와 있다. 이때 자주 쓰이는 방법이 대체시험(commutation test)인데, 문장의 한 요소를 다른 요소로 대체하는 것이다.

	집	
나는	코끼리	을(를) 본다.
	신천옹	

일반적으로 집과 코끼리를 비교한다는 것은 상상하기 어렵겠지만 여기에서는 하나의 공통점을 가지고 있는데 문장의 동일한 장소에서 대체될 수 있다는 속성이 바로 그것이다. '집'과 '코끼리'는 'x와 y는 동일한 문맥을 가지고 있다'는 관점에서 동치관계에 있으며 그래서 이들은 동치류를 구성하는 것이다. 다만 이때 제약 조건은 대체 후의 문장이 여전히 문법적이어야 한다는 점이다. 여기에서 왜 '애국가'가 '집'과 대체될 수 없는지 쉽게 알 수 있을 것이다.

하나의 언어적 요소는 문장 내의 임의의 장소에 나타날 수 없으며 언제나 통사적, 의미론적, 화용론적 제약을 받는다. 그래서 n개의 어휘가 동일한 장소에 나타날 경우 언어학에서는 이를 계열체(paradigm)라고 부른다.

【예제 Ⅲ.3】 다음 문장이 주어졌을 때 [M]을 구하라.
AMX, AWX, ARX

풀이 "동일한 문맥을 가지고 있음"이라는 관점에서 보면,

A	M	X
	N	
	R	

$$[M] = \{M, N, R\}$$

생육신의 한 사람인 김시습은 계열체의 개념을 십분 활용하여 한명회가 쓴 시를 조롱하고 있다.

靑春	扶 亡	社稷
白首	臥 汚	江湖

이렇게 되면 "젊어서는 나라를 위해 충성을 하고, 늙어서는 자연에 누워 편안한 삶을 누린다."가 "젊어서는 나라를 망치더니 늙어서는 자연을 더럽힌다."는 꾸짖음이 된다. 이 얼마나 통쾌한가!

이제까지 어휘의 동치를 다루어 왔는데 그 대신에 문맥들의 동치를 고려의 대상으로 삼아 하나의 주어진 어휘에 대한 동치 문맥의 집합을 도출할 수도 있다.

x	는(은)	y	을(를) 본다.
⋮		⋮	

이렇게 되면 단 하나의 동사를 완전히 다 안다는 것이 결코 쉬운 일이 아님을 알게 된다. 실제 프랑스에서는 박사논문 주제로 하나의 동사를 선정하여 그 동사가 취할 수 있는 문맥의 동치류를 연구하는 실례가 적지 않다. 자연언어처리에서 데이터 베이스로 활용되는 전자사전의 핵심개념이 바로 여기에 있는 것이다.

짐은 일요일 저녁 모든 프랑스 가정의 냄비 속에 통닭이 들어있기를 바라노라.
(앙리 4세가 모든 프랑스인의 사랑을 받는 이유를 알 것 같다.)

- Henri IV -

5. 순서관계

재귀적이고 전이적인 이항관계를 반(半)순서 혹은 전(前)순서(preorder) 관계라고 하며, 순서관계라고 하면 반대칭적 전순서 관계를 말한다.[3] 예컨대 "크거나 같은" (≤)과 같은 관계는 다음을 만족시킨다.

i. 재귀성 : $\forall x\ (xRx)$

ii. 반대칭성 : $\forall x \forall y\ (xRy \nrightarrow yRx)$

iii. 전이성 : $\forall x \forall y \forall z\ \{(xRy \wedge yRx) \rightarrow xRz\}$

이러한 순서관계 R이 주어진 집합을 부분순서집합이라하며 (A, R) 또는 (A, ≤)로 표기한다. 부분순서집합의 임의의 두 원소 a, b는 항시 비교 가능하지는 않기 때문에 이런 명칭이 부여되었다.

사례 1 (A, 포함관계)

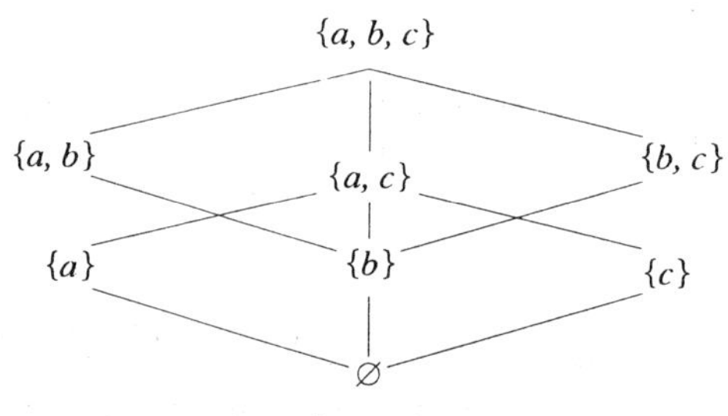

사례 2 (B, 배수관계)

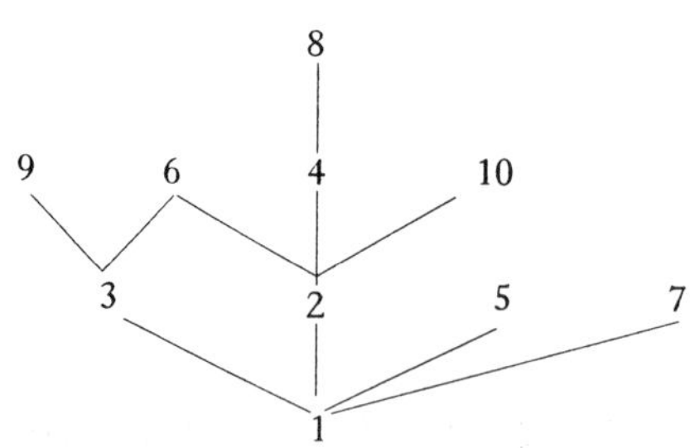

3) 재귀성을 배제하면 엄격한 순서관계(strict order)가 되며, 이 때에는 반대칭율과 전이율만이 성립한다. "…보다 큰", "…앞(뒤)에" 등은 모두 엄격한 순서관계들이다.

사례 3 (C, 배수관계)

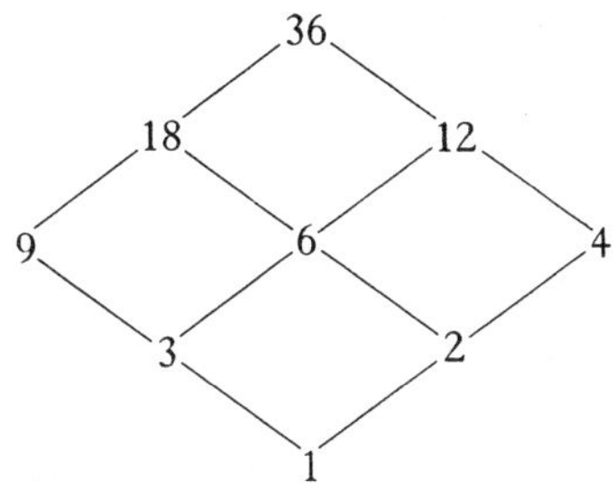

위의 포함관계에서는 {a, b}와 {a, c}, 배수관계에서는 {3, 2, 5, 7}과 {9, 6, 4}처럼 두 원소 사이에 서로 비교 가능하지 않기 때문에 이들은 모두 부분순서집합들이다.

임의의 두 원소가 항상 비교가능할 때에는 전(前)순서(total order) 관계가 된다.

$$x \neq y \rightarrow xRy \text{ 또는 } yRx$$

즉 전순서 관계에서는 $x < y$, $x = y$, $x > y$ 세 가지 관계 중 하나가 반드시 성립한다.

사전편집자들은 전순서 관계를 잘 활용하고 있다. A, B가 각각 전순서 집합이라 하고, 그 데카르트적 $A \times B$를 고려하자. $a < a'$ 또는 $a = a'$ 이고 $b < b'$ 일 때, $(a, b) < (a', b')$이 성립하는 순서를 어휘적 순서(lexicographic order)라고 한다. 사전은 바로 이런 순서에 의해 어휘를 열거한 것이다.

6. 순서집합에서의 특수한 원소들

6.1 상계(上界: upper bounds; majorants), 하계(下界: lower bounds; minorants)

부분순서집합 A의 부분집합을 B라 하자. A의 한 원소 M이 B의 모든 원소를 지배할 적에[4] M을 B의 상계라 하고, 이 중에서 가장 작은 것을 최소상계(least upper bound) 또는 B의 상한(supremum)이라 하며 sup(B)로 표기한다.

반대로, A의 원소 m이 B의 모든 원소를 선행할 적에[5] m을 B의 하계라 하고, 이 중에서 가장 큰 것을 최대하계(infimum)라 하며 inf(B)로 표기한다. 이런 개념들은 예제를 통해 살펴보면 금방 이해할 수 있다.

【예제 II.4】 A = {a, b, c, d, e, f, g}

B = {c, d, e}

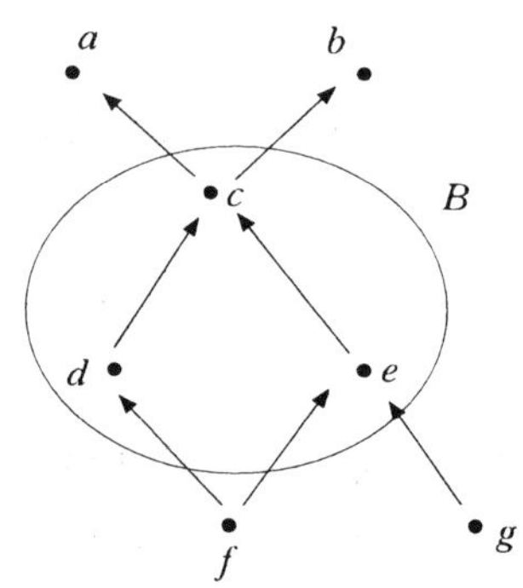

풀이 B의 상계 = {a, b, c}

B의 하계 = {f}

g는 B의 하계가 아닌 것이 g는 d를 선행하지 않으므로 비교가능하지 않기 때문이다.

$$\sup(B) = \{c\}$$
$$\inf(B) = \{f\}$$

상계나 하계의 정의에 의해 sup(B)나 inf(B)는 B에 속할 수도 있고 속하지 않을 수도 있다.

4) 즉 모든 $x \in B$에 대해 $x \le m$

5) 즉 모든 $x \in B$에 대해 $m \le x$

6.2 극대 / 극소(mximal / minimal), 최대 / 최소(maximum / minimum)

B가 순서집합 A의 부분집합일 때 어떤 원소 x는 다음 조건을 충족시킬 때 극대(극소)라 한다.

i. $x \in B$

ii. x는 B에서 어떤 상계(하계)도 갖지 않는다.

$$x \cap maj(x) = \varnothing$$
$$x \cap min(x) = \varnothing$$

【예제 II.5】 A = {1, 2, 3, 4, 6, 9, 12, 18, 36}
B = {2, 3, 6, 9, 12, 18}

여기에서 극대원은 {12, 18}이고, 극소원은 {2, 3}이다.

【예제 II.6】

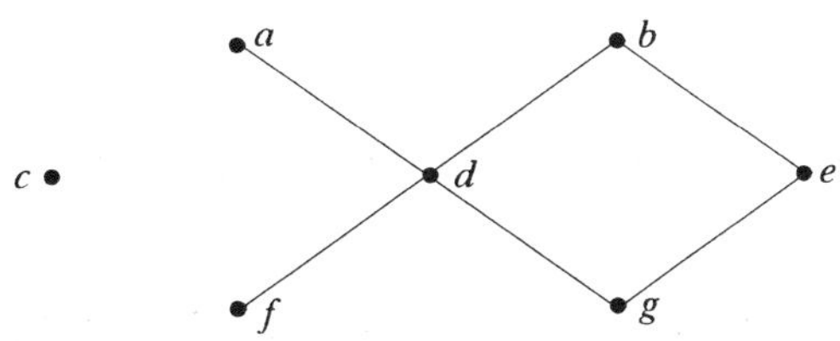

극대원 = {a, b, c}
극소원 = {c, f, g}

여기서 c의 위상은 알려지지 않았기 때문에 동시에 극대원과 극소원 모두에 속한다.

복합인격체(複合人格体)
우리의 마음은 하나의 군중이다.

7. 격자구조(treillis)

어떤 부분순서에 관한 고찰은 우리로 하여금 새로운 종류의 최상급, 즉 최대원(supremum)과 최소원(infimum)의 개념에로 이끌었다.

E = {a, b, c, d, e, f, g}인 다음과 같은 구조의 위계질서가 있다고 하자. 여기서 최대원은 g가 되겠고 극소원들은 {a, b, c}이다. 예컨대 어떤 조직의 부장, 과장 그리고 과원을 연상하면 된다.

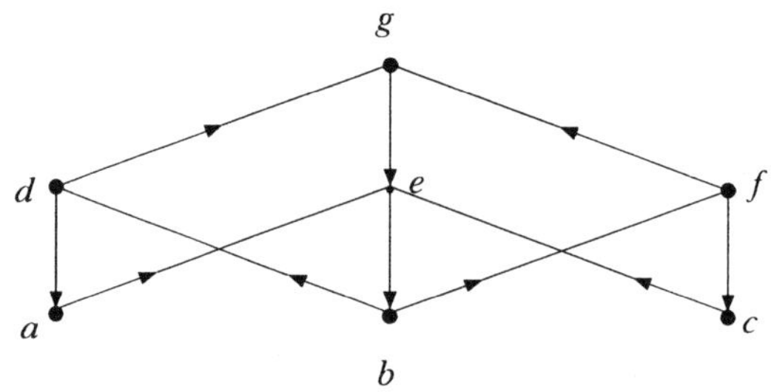

이런 조직에서 만일 a와 c 사이에 분쟁이 발생하였다면 그 중재는 a와 c의 공동상계가 맡아야 할 것이다.

$$\mathrm{Maj}(a) \cap \mathrm{Maj}(c) = \{d,\ e,\ g\} \cap \{e,\ f,\ g\} = \{e,\ g\}$$

이 상계 중에서 가장 작은 즉 상한인 e가 a와 c 사이의 분쟁을 취급할 권한이 있다. 이번에는 a와 b 사이에 분쟁이 생겼다고 하자.

$$\mathrm{Maj}(a) \cap \mathrm{Maj}(b) = \{d,\ e,\ g\} \cap \{d,\ e,\ f\} = \{d,\ e\}$$

여기에는 가장 작은 상계 즉 상한이 존재하지 않는다. d와 e는 같은 과장급이기 때문에 만약 이들 사이에서도 의견의 일치를 보지 못할 경우에는 분쟁을 해결하기 위해 g까지 올라가야 하는데 이런 구조는 바람직하지 못할 것이다. 그래서 위계질서의 구조를 약간 변경해 보자.

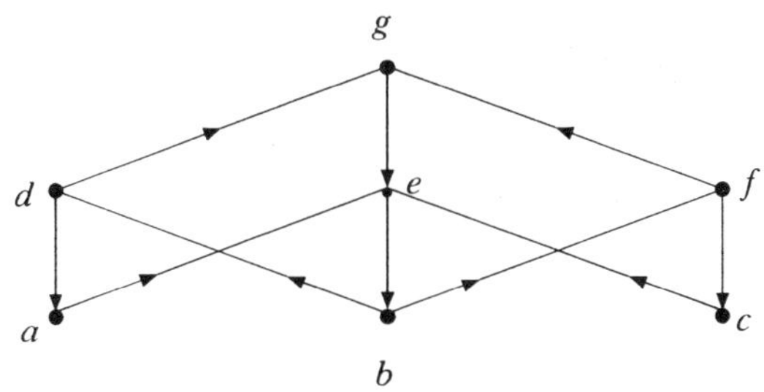

이렇게 되면 어떤 원소쌍에 대해서도 최대원(supremum)이 존재하게 된다. 이런 구조를 반격자 구조(half-treillis)라고 한다. 반격자 구조에도 최대원만 있는 반격자 구조(sup-half-treillis)와 최소원만 있는 반격자 구조(inf-half-treillis) 두 종류가 있다.

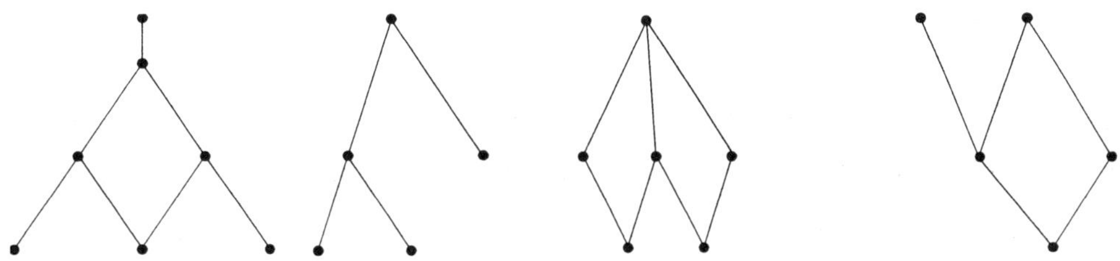

수형도(tree)의 정의에 들어가기 전에 계승자(successor)와 선임자(predecessor)의 뜻을 짚고 넘어가자. 다음과 같은 부분순서집합이 있다고 하자.

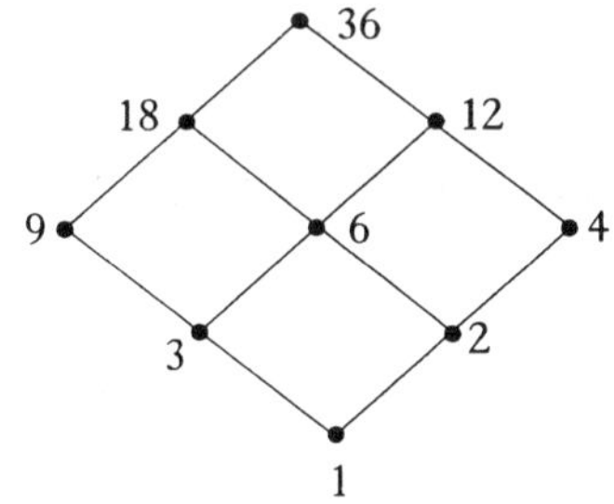

여기에서 6은 계승자로서 12와 18을 가지고 있고 선임자로서 2와 3을 가지고 있다고 정한다. 수형도는 이런 경우를 배제한다.

[정의 II.2] 수형도는 sup-half-treillis로서 최대원을 제외한 각각의 원소로 오직 단 하나의 계승자만을 갖는다. 쌍대적으로, 수형도는 inf-half-treillis로서 경우에 따라서 최소원은 제외하고 그 각각의 원소는 오직 단 하나의 선임자만을 갖는다.

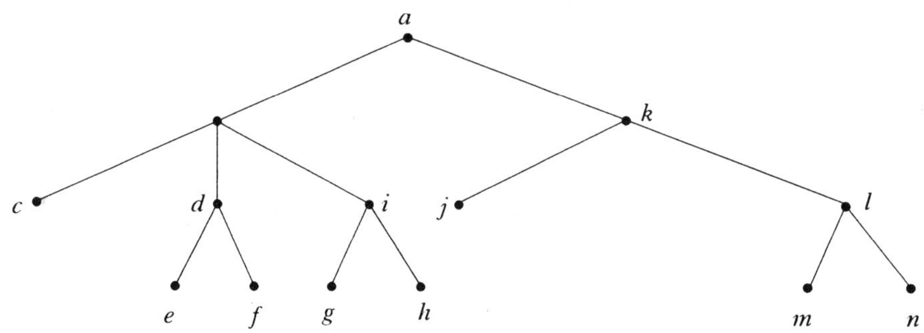

두 번째 정의에서는 수형도를 거꾸로 보아야 할 것이다. 구간과 체인(chain)의 개념을 도입하면 다른 방식으로 수형도를 정의할 수 있다. 하나의 순서집합에서 모든 전(全)순서 부분집합을 체인이라고 한다. 그리고 x≤y이면 구간 [x, y] x와 y 사이에 있는 모든 원소들의 집합 x≤z≤y를 의미한다.

[정의 II.3] 수형도 정의: 수형도는 x가 y의 상계가 되면 구간 [x, y]가 체인이 되는 반격자 half-treillis이다.

또다른 흥미로운 구조인 격자구조(treillis)는 순서집합에서 어떤 원소의 쌍 (x, y)도 상계와 하계를 가지고 있다. 우리는 이미 그런 구조를 보았는데 E = {a, b, c}일 때 (**P**(E), ⊂)가 바로 그런 구조로서 Sup(x, y)는 x∪y가 되고 Inf(x, y)는 x∩y가 됨을 알 수 있다.

최소공배수와 최대공약수는 상한과 하한의 특수한 경우인데, E = {1, 2, 3, 4, 6, 9, 12, 18, 36}이고 R이 배수관계라고 할 때, (E, R)에서 두 원소의 상한과 하한이 바로 그것들이다.

두 수험생 x, y가 영어와 수학 두 과목의 시험을 치른 상황에서 그들의 영어와 수학 성적은 각각 (x_1, x_2), (y_1, y_2)로 나타내면 두 가지 경우를 예상할 수 있다.

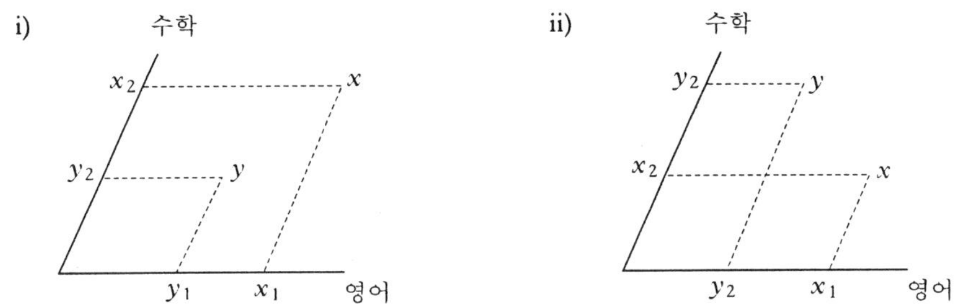

i. $y \leq x \Leftrightarrow y_1 \leq x_1$ 그리고 $y_2 \leq x_2$
관계 ≤는 전이적, 반대칭적, 재귀적이어서 부분순서관계를 나타낸다는 사실을 상기하자.

ii. 만일 $y_1 < x_1$이고 $y_2 > x_2$ 이든가 $y_1 > x_1$이고 $y_2 < x_2$ 인 경우에는 x와 y는 비교 가능하지 않다.

어떤 학생 x에 대해, 이 학생보다 못한 학생과 우수한 학생은 각각 (가), (나) 지역에 분포되어 있음을 알 수 있다.

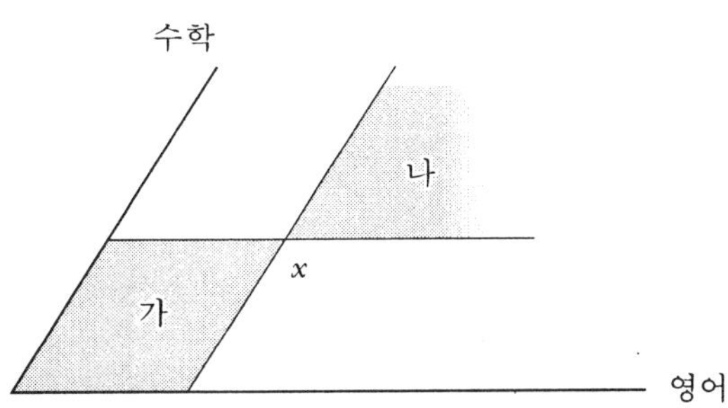

여기에서 (가)는 하계, (나)는 상계가 된다는 사실도 즉각적이다. 빗금치지 않은 부분에 위치한 학생들은 x와 비교 가능하지 않다. 이런 부분순서는 주목할만한 특성을 지니고 있는데 임의의 한 쌍의 원소 (x, y)에 대해 언제나 상한(∨)과 하한(∧)을 정할 수 있다는 점이다.

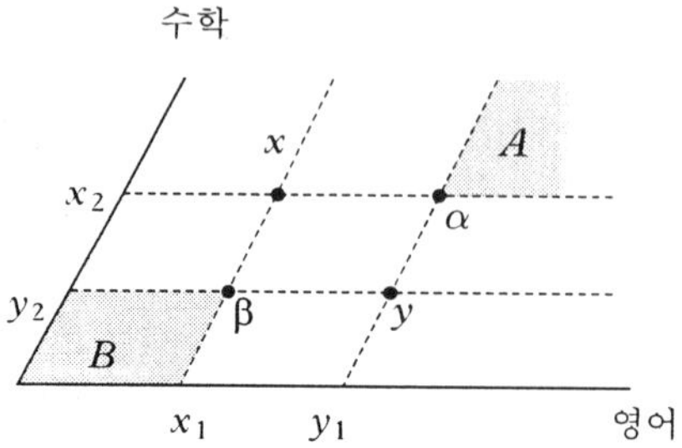

$$x \vee y = \{\max(x_1,\ y_1),\ \max(x_2,\ y_2)\}$$

가장 작은 상계(A지역) 즉 (x, y)의 상한은 α이며 이를 "mini-max"로 부른다.

$$x \wedge y = \{\min(x_1,\ y_1),\ \min(x_2,\ y_2)\}$$

가장 큰 하계(B지역) 즉 (x_1, y_1)의 하한은 β이며 "max-mini"로 부른다.

저울은 자신을 달 수 없고
물은 물을 적실 수 없고
불은 불을 태울 수 없으며,
눈은 스스로 볼 수 없고
손가락은 자신을 만질 수 없으며,
칼은 자신을 자를 수 없고
거울은 자신을 비추어 볼 수 없듯이
우리는 인생이라는 꿈을 깨기 전에는
인생을 알 수 없다.

연습문제 II

1. 다음 식을 증명하라.

   (1) $A\times(B\cup C) = (A\times B)\cup(A\times C)$

   (2) $A\times(B\cap C) = (A\times B)\cap(A\times C)$

2. $R\subset X\times Y$이고 $S\subset Y\times Z$일 때 $(S\cdot R)^{1} = R^{1}\cdot S^{1}$ 임을 증명하라.

3. $R\subset W\times X$이고 $S\subset X\times Y$이고 $T\subset Y\times Z$일 때 $(T\circ S)\circ R = T\circ(S\circ R)$을 증명하라.

4. R이 A에서 어떤 관계, 즉 $R\subset A\times A$일 때 다음 명제들을 증명하라.

   (1) "R은 재귀적이다" $\leftrightarrow$ $\Delta A \subset R$

   (2) "R은 대칭적이다" $\leftrightarrow$ $R = R^{1}$

5. $U = \{(x, y) \mid x^2 + 2y = 5\}$

   $V = \{(x, y) \mid 2x - y = 3\}$일 때, $V\circ U = ?$ $U\circ V = ?$

6. 동치관계를 지닌 집합 A와 A의 원소 a의 동치류를 [a]라고 할 때 다음을 증명하라.

   (1) 모든 $a\in A$에 대해 $a\in[a]$

   (2) $[a] = [b]$ iff $(a, b)\in R$

7. $X = \{a, b, c, d\}$의 모든 분할을 제시하라.

8. $W = \{a, b, c, d, e\}$이고 다음과 같이 정열된 집합이다.

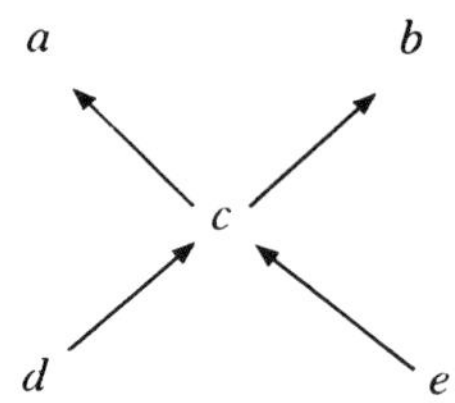

전순서부분집합을 나열하라.

9. A = {1, 2 ⋯, 7, 8}은 다음과 같이 정렬된 부분순서집합이고 B = {4, 5, 6}이다.

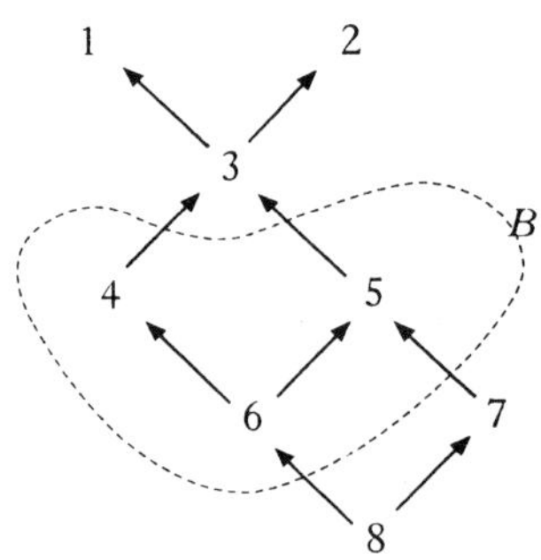

(1) B의 상계 = ?

(2) B의 하계 = ?

(3) Sup (B) = ?

(4) Inf (B) = ?

10. A = {1, 2, 3, 4, 6, 9, 12, 18, 24, 90}이고 R은 x≤y로서 x는 y의 약수

(1) B = {3, 4, 6}일 때, Maj (B) = ? Sup (B) = ?

(2) B = {6, 9, 18}일 때, Maj (B) = ? Sup (B) = ?

(3) B = {12, 18}일 때, Min (B) = ? Inf (B) = ?

(4) B = {6, 3, 9}일 때, Min (B) = ? Inf (B) = ?

III

수학의 꽃 : 함수

1. 정의

원래 함수란 두 집합 A, B가 수의 집합일 때 함수 f에 의해 서로 대응하는 것을 의미하였지만 대응의 개념이 집합론과 결합하면서 임의의 두 집합 사이의 대응이라는 현대적 함수 개념이 탄생했다. 그래서 $f(x) = x^2$의 경우 $f(-3) = 9$가 되듯이 f가 국가에 수도를 대응시키는 함수라면 f(프랑스) = 파리라는 등식이 성립하는 것이다.

출발집합 A의 모든 원소에 도착집합 B의 유일한 한 원소가 대응할 때 f는 A에서 B로의 사상(mapping) 또는 함수라고 한다.

$$f : A \longrightarrow B$$

$$A \xrightarrow{\ f\ } B$$

f에 의하여 각각의 $a \in A$에 결합된 B의 유일한 원소는 f(a)로 표기되고 이를 f에 의한 a의 상(image)이라고 한다. f 자체의 상 fA는 상들의 집합이다.

$$fA = \{ f(a) \mid a \in A \}$$

출발집합의 다수의 원소가 도착집합의 한 원소에 대응할 수도 있다는 사실로부터 모든 함수는 출발집합의 분류(classification)를 함축한다.

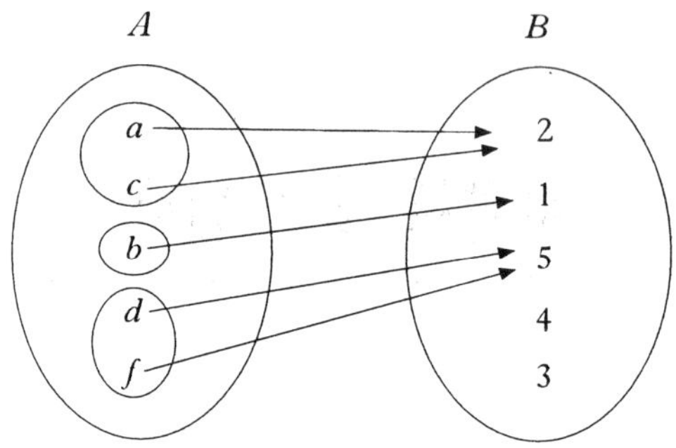

이때 분할들을 f의 상(商, quotient)이라 하고 A/f로 표기한다. 여기에서

$$A/f = \{\{a, c\}, \{b\}, \{d, f\}\}$$

2. 단사(injection), 전사(surjection), 쌍사(bijection)

하나의 사상 $f: A \rightarrow B$는 A의 상이한 두 원소에 B의 상이한 두 상(image)이 대응할 때 단사라 한다.

$$(\forall a,\ b \in A)\ [\, a \neq b \rightarrow f(a) \neq f(b)\,]$$

사상 $f: A \rightarrow B$는 B의 모든 원소가 A의 원소의 상일 때 전사이다.

$$(\forall b \in B)(\exists a \in A)\ [\, f(a) = b\,]$$

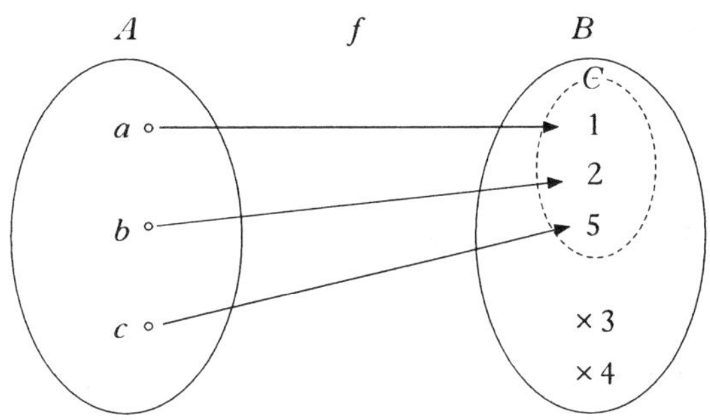

출발집합은 정의역, 도착집합은 공역이라 하는데 만일 f의 치역 C가 여기에서처럼 공역의 부분집합이면 단사이고, 치역과 공역이 일치하면 전사가 되는 것이다.

전사이면서 동시에 단사인 경우가 전단사, 혹은 쌍사라 하고 이런 경우 f를 “1:1 대응”이라고 한다. 이 때는 ① A의 서로 다른 원소에 B의 서로 다른 원소가 대응하며, ② A, B의 원소들 모두 남김없이 대응에 쓰이고 있다.

함수를 규정하기 위해서는 규칙 ($f(x) = x^3 - x$)만으로는 충분하지 않고, 정의역과 공역이 반드시 주어져야 한다. ($f : R \rightarrow R$) $f(x) = x^2 + x + 1$이라는 함수의 경우를 보도록 하자.

$f(-1) = f(0) = 1$이므로 $f : R \rightarrow R$은 단사가 아니다. 또한 0은 결코 상(image)이 될 수 없으므로 전사도 아니다. 그러나 f를 $R^+ \rightarrow R$로 제한하면 이때는 단사가 된다. 그러나 1보다 작은 실수는 공역의 원소가 될 수 없으므로 역시 전사도 아니다. 이제 $f : R^+ \rightarrow A$로 하고 A는 1보다 크거나 같은 실수의 집합이라고 정하자. 이때의 f는 전단사가 됨을 알 수 있다.

3. 함수의 분해

f가 D에서 A로 가는 함수일 때, 이 함수는

i. 함수의 상 f D 즉 A의 부분

ii. D의 분할의 클래스들의 집합. 즉 상집합 D/f를 각각 결정한다.

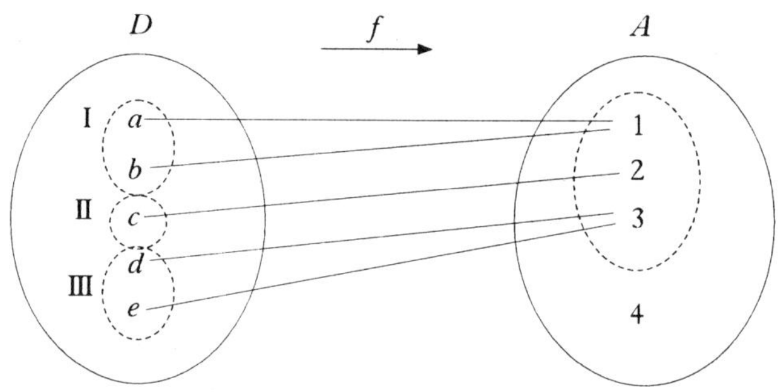

이어서 우리는 D/f에서 fD로 가는 함수 b를 정할 수 있고 b는 쌍사임을 알 수 있다.

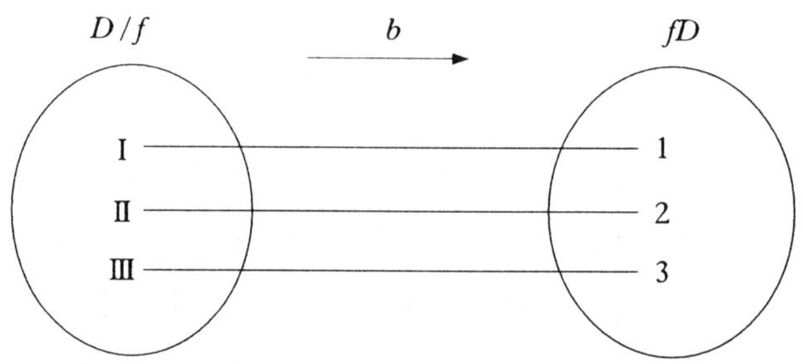

또한 D에서 D/f로 가는 함수 s를 정할 수 있으며 이 함수는 전사이다.

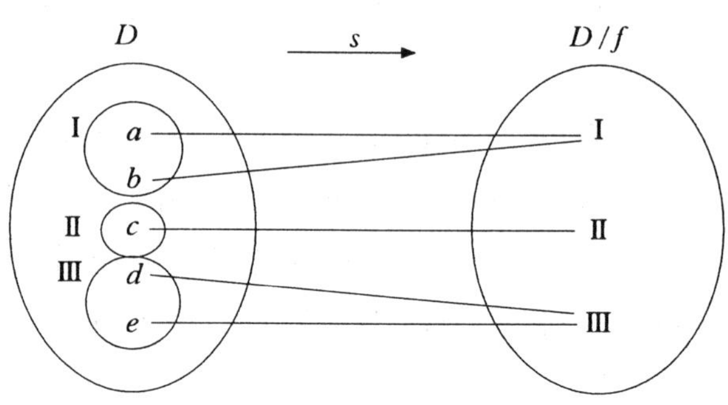

마지막으로 D/f에서 A로 가는 함수 i를 정할 수 있으며 이 함수는 단사이다.

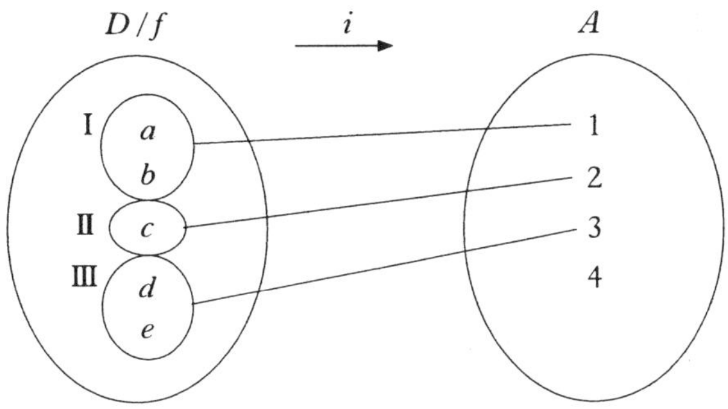

이 상을 종합하면 아래와 같은 우아한 다이어그램을 얻을 수 있다.

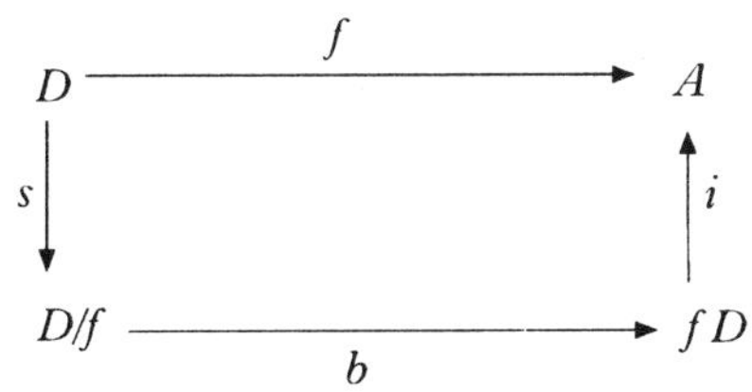

나중에 함수의 합성에서 나오겠지만 여기에서

$$\forall x \in D, \quad fx = i(b(sx))$$

즉 $f = i \circ b \circ s$가 성립함을 알 수 있다.

4. 역함수

일반적으로 함수 f의 역함수 f^{-1}은 사상이 아니다. 그러나 f가 전단사일 경우, f^{-1}은 B에서 A으로의 사상이다.

$$f^{-1}(b) = \{ x \mid x \in A,\ f(x) = b \}$$

다음의 경우에는 역함수가 존재하지 않는다.

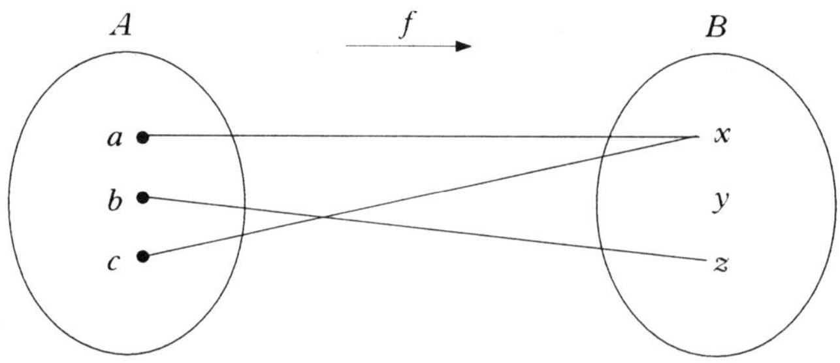

우선 B에는 y라는 남는 원소가 있고 설령 y가 없다 하더라도 $f^{-1}(x) = \{a, c\}$가 되기 때문이다.

$f : A \rightarrow B$가 역함수 $f^{-1} : B \rightarrow A$를 가지고 있다고 할 때 A에서 A로 가는 곱함수(product function) $(f^{-1} \circ f)$을 만들 수 있다. 이는 항등사상 $IA : A \rightarrow A$라 하며 이 경우 $f(x) = x$이다. 마찬가지로 B에서 B로 가는 IB 즉 $(f \cdot f^{-1})$을 만들 수 있다.

5. 합성함수

a∈A이고 a의 이미지 f(a)가 g함수의 정의역 B에 있으면 g(f(a))∈C인 합성함수를 구할 수 있다.

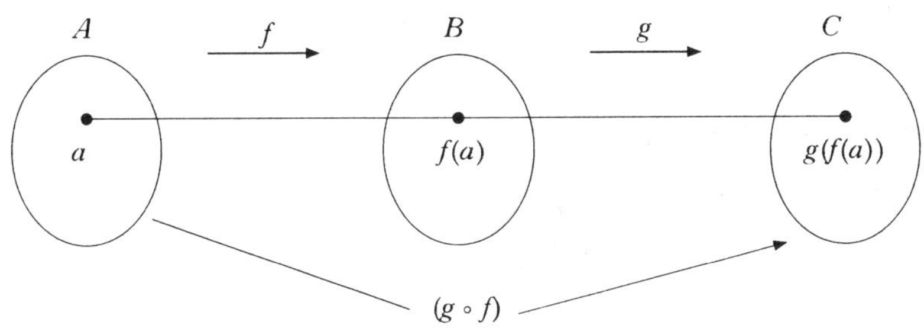

【예제 Ⅲ.1】 다음과 같은 함수 f와 g가 있다고 하자.

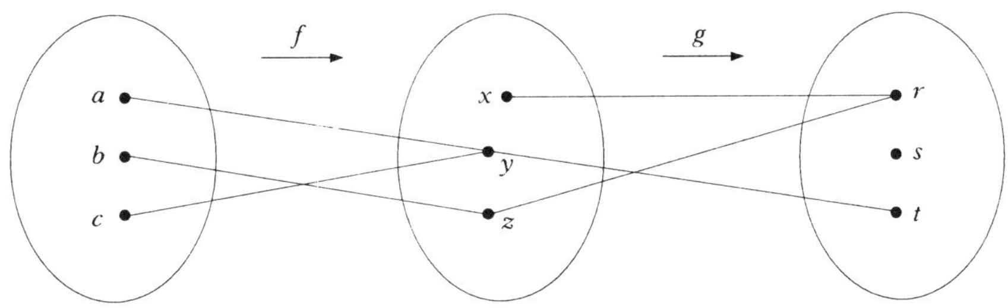

$(g \circ f)\ (a) = g(f(a)) = f(y) = t$

$(g \circ f)\ (b) = g(f(b)) = g(z) = r$

$(g \circ f)\ (c) = g(f(c)) = g(y) = t$

합성함수에서는 교환법칙이 생기지 않는다.

【예제 Ⅲ.2】 $f(x) = x^2$이고 $g(x) = x + 3$이면

$(f \circ g)\ (2) = f(g(2)) = f(5) = 25$

$(g \circ f)\ (2) = g(f(2)) = f(4) = 7$

따라서 $(g \circ f) \neq (f \circ g)$

그러나 결합법칙은 성립한다.

$$h \circ (g \circ f) = (h \circ g) \circ f$$

이를 한번 증명해 보기 바란다.

합성함수가 잘 적용되는 분야로 친족관계를 들 수 있다.

【예제 III.3】 E : 사람들의 집합

f : 개인 → 그의 아버지

g : 개인 → 그의 어머니

이때 다음이 성립함을 쉽게 알 수 있다.

$f \circ g$: 외할아버지

$g \circ f$: 할아버지

성공하기 위해서는

잘 실패할 줄 알아야 한다.

6. 준동형(morphisme)

모든 실수 x에 2^x를 대응시키는 R에서 R로의 사상을 생각해보자. x의 상은 2^x이고 y의 상은 2^y가 될 것이다. 그리고 (x+y)의 상은 2^{x+y}가 된다. 그런데 $2^{x+y} = 2^x \times 2^y$, 즉 x와 y의 합 (x+y)의 상은 두 개의 상 2^x와 2^y의 적(積)과 같다. 이런 경우, 지수함수는 덧셈을 갖춘 수집합 R과 곱셈을 갖춘 수집합 R 사이에 준동형사상(homomorphisme)을 만든다고 한다.

이 특수한 사실을 일반화하자.

(E, ∘)와 (F, ∗)가 있다고 할 때, E의 어떤 원소 (x ∘ y)의 상이 f(x) ∗ f(y)와 같을 때 그러한 f는 준동형(morphisme)이 된다. 여기에서 만일 f가 단사이면, 단사준동형(monomorphism), f가 전사이면 전사준동형(epimorphism), f가 쌍사이면 동형사상(isomorphism), 그리고 E = F이면 자기준동형(endomorphism), 끝으로 E = F이고 f가 쌍사이면 자기동형(automorphism)이라고 각각 불린다.

이 중에서 가장 흥미로운 것은 동형사상(isomorphism)이다.[6)]

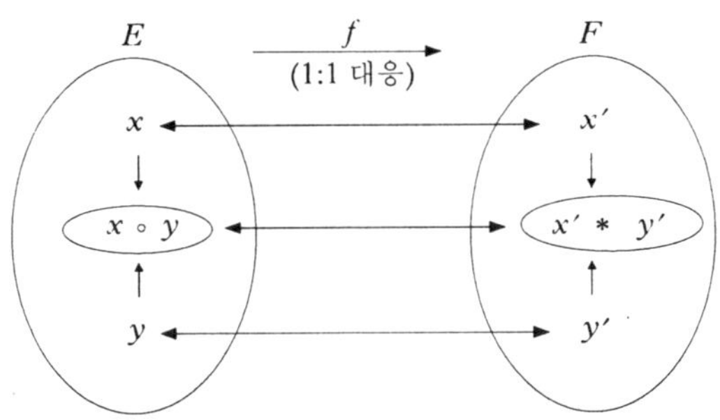

왜냐하면 동형사상은 전혀 다른 분야의 법칙들이 구조적 동일성을 지니고 있다는 사실을 밝혀주기 때문이다. 중력의 법칙과 쿨롱의 법칙 사이의 구조적 동형은 잘 알려진 사실이다.

언어학에서 비교언어학자는 두 언어 사이에 구조적 동형의 유무를 탐구한다. 단어들의 결합을 살펴보면 개별언어에 내재하는 연산작용(operation)의 역할을 알 수 있다. 두 언어의 단어들 사이의 대응은 이 단어들이 결합되었을 적에도 대응을 보존하

6) 'iso-'는 동일한 것을 의미하고 'morphe'란 형태 또는 구조를 뜻한다.

는가? 대개의 경우 그 대답은 부정적이다. 여기에 바로 외국어 습득의 어려움이 있는 것이다. 만일 긍정적인 경우에는 그로부터 모든 언어들은 동일한 구조를 지니고 있다고 결론을 내릴 수 있을 것이다. 물론 이는 참이 아니다.

시공간의 제약을 받는 인간은 경험보다 언어를 통해서 세상을 배우게 된다.
그런데 말은 사실의 세계에 대해 쓰인다.
그래서 사람들이 다른 사람의 말을 이해하지 못하는 것은 불가피한 귀결이다.
말이 가리키는 실재를 인식할 수 없으면 그 말을 이해한 것이 아니다.

7. 응용

7.1 자연과학

과학의 발달은 초기에는 분류활동으로부터 시작해서 상관관계(correlation)로 나아가고 궁극적으로 인과관계를 설정하기에 이른다. 이는 현상들간의 원인과 결과를 수학적으로 표현한 것이다. 이렇게 수학은 측정결과를 연관시키는 물리학자에게 필요불가결한 탐구의 도구가 되는 것이다.

대부분의 물리법칙은 $y = f(x)$의 형태를 취하고 있다. 이런 함수관계들 중에서 가장 간단한 것은 선형함수인데, 이 함수는 두 변수 사이의 비례관계를 나타낸다. (예, $s = vt$) 분수함수 $y = k/x$는 역비례를 나타낸다. $PV = nRT$에서 부피는 온도에 비례하고 압력에 반비례함을 알 수 있다. 역자승에 비례하는 $y = k/x^2$도 있는데 중력의 법칙 $F = g \cdot \frac{m_1 m_2}{r_2}$가 바로 그것이다. 물론 변수의 자승에 비례하는 법칙도 있다. 갈릴레오의 낙하의 법칙 $s = \frac{1}{2}gt^2$이나 운동에너지 $E = \frac{1}{2}mv^2$ 등이 그러하다.

자연은 또한 제곱근에 비례하는 경우도 제공하는데, 흔들이의 주기는 길이의 제곱근에 비례한다.($T = \sqrt{\frac{l}{2\pi}}$)

하나의 변수가 등차급수적으로 변할 때 다른 변수의 등비급수적으로 변하는 지수함수 $y = a^x$는 매우 빠른 증감을 나타낸다. 지수함수와는 반대로 $y = \log_a x$에서 y는 x보다 훨씬 느리게 변화한다.

추의 운동이나 빛, 소리, 전기, 파동 등 진동현상은 삼각함수 $y = a \sin x$로 나타낼 수 있고 푸리에(Fourier)는 모든 함수를 삼각함수로 표현할 수 있음을 보여주었다. 이제까지 아주 기본적인 예들을 보였지만 물리학에서는 이 밖에도 많은 법칙이 미분방정식의 형태를 취하고 있다.

7.2 인문학

언어학에서 보다 일반적인 개념인 연산(operation)보다는 흔히 변형(transformation) 개념이 쓰인다. 예를 들어 출발집합이 원소들로 구성되어 있는 것이 아니라 한 언어의 문장들의 집합(이는 무한집합이다)으로 구성되어 있다고 가정하자. 여기에 어떤 변형을 가하면 도착집합은 변형된 문장들의 집합이 될 것이다. 만일 우리가 한 언어의 모든 변형들을 빠짐없이 조사할 수 있다면 우리는 문장들 사이의 구조적 관계를 엄밀하게 기술할 수 있을 것이다.

연습문제 III

1. 함수가 아닌 대표적인 사례 두 가지를 보여라.

2. A = {a, b, c}
   B = {1, 2}로 주어졌을 때 A에서 B로 가는 함수는?

3. $f : R \to R$이고 $f(x) = x^2$일 때,
   (1) f^{1} [{25}] =
   (2) f^{1} = [{-9}] =
   (3) f^{1} [{ x | x ≤ 0 }] =
   (4) f^{1} [{ x | 4 ≤ x ≤ 25 }] =

4. $f : X \to Y$, X의 두 부분집합을 A, B라 할 때,
   (1) $f[A \cup B] = f[A] \cup f[B]$
   (2) $f[A \cap B] \subset f[A] \cap f[B]$
   (3) $f[A \setminus B] \supset f[A] \setminus f[B]$
   (4) $A \subset B \to \{ f[A] \subset f[B] \}$

5. X = { 1, 2, 3, 4, 5 }이고 f와 g는 X에서 X로 가는 함수이고 다음과 같이 정해졌을 때 $g \circ f$와 $f \circ g$를 구하라.

   f = { (1, 3), (2, 5), (3, 3), (4, 1), (5, 2) }
   g = { (1, 4), (2, 1), (3, 1), (4, 2), (5, 3) }

6. $f : A \to B$, $g : B \to C$가 전단사이면 $(g \circ f)^{-1} : C \to A$가 존재하고 이것은 $f^{-1} \circ g^{-1}$과 같다.

IV

수학적 귀납법(mathematical induction)

어떤 집합 A에 대해 이 집합에 속하는 모든 원소들이 P(x)와 같은 속성을 지닌다는 것을 증명해야 할 필요가 자주 있다. 이 집합이 유일한 경우 각각의 원소가 P라는 속성을 갖는다는 사실을 보여주면 되므로 문제가 없지만 일반적으로 A는 유한집합이 아니다. 여기에서 등장하는 것이 수학적 귀납법인데 A가 자연수 N인 경우에는 보통 회귀(recurrence)라고 한다. 뿌엥까레(Poincaré)가 지적한 바와 같이 수학적 귀납법은 수학에서 가장 근본적인 방법으로서 일정한 패턴에 따라 반복적으로 일어나는 현상의 귀결을 추측함으로써 무한(無限)을 매끈하게 처리하게 해준다.

1. 수학적 귀납법

자연과학에서 쓰는 귀납법은 일반적으로 명제 P(n)으로 추측하기 위해 사용된다. 즉, P(1), P(2), P(3)와 같은 P(n)의 몇 가지 경우에 대한 관찰로부터 P(n)은 추측할 수 있다. 그러나 수학적 귀납법에 의한 P(n)의 증명순수한 연역 과정이다. 이 원리는 두 단계로 이루어진다.

1. 기본 단계 : 최소한의 경우에 문제의 정리가 성립함을 보인다.
2. 귀납 단계 : P(n) → P(n+1)이 성립함을 보인다. 조건문을 증명하기 위해서는

전건을 가정하고 후건을 도출하면 된다. P(n)을 증명할 필요는 없다는 사실을 유념해야겠다.

이 두 명제가 참으로 밝혀지면 모든 n∈N이 P를 입증한다고 결론을 내릴 수 있다.

【예제 IV.1】 $P(n) = \sum_{k=0}^{n} k^3 = \left(\frac{n(n+1)}{2}\right)^2$임을 증명하라.

풀이 i. P(0)은 참이다.

$$\because \sum_{k=0}^{n} k^3 = 0^3 = \left(\frac{0\times(0+1)}{2}\right)^2$$

ii. P(n)이 참이라고 할 때 P(n+1)이 성립함을 보이면 된다.

$$\begin{aligned}\sum_{k=0}^{n+1} k^3 &= (n+1)^3 + \sum_{k=0}^{n} k^3 \\ &= (n+1)^2\left(\frac{n^2}{4}+n+1\right) \\ &= (n+1)^2\left(\frac{(n+2)^2}{4}\right) \\ &= \left(\frac{(n+1)(n+2)}{2}\right)^2\end{aligned}$$

【예제 IV.2】 $3 + 6 + 9 + 12 + \cdots + 3n = \frac{3n(n+1)}{2}$

i. $n = 1$일 때, $3 = \frac{3\cdot 1(1+1)}{2} = 3$

ii. ① 가정 : $3 + 6 + 9 + \cdots + 3k = \frac{3k(k+1)}{2}$

② 결론 : $3 + 6 + 9 + \cdots + 3k + 3(k+1)$

$$= \frac{3k^2+9k+6}{2} = \frac{3(k+1)(k+2)}{2}$$

∴ 이 식은 모든 n에 대해 성립.

때론 모든 $n \geq m$에 대해 속성 P를 보여야 할 때가 있다. 이 때 회귀원리는 다음 두 명제로 구성된다.

① m은 P를 입증한다.
② 모든 $n \geq m$에 대해, 만일 n이 P를 입증하면 $n+1$도 P를 입증한다.

【예제 Ⅳ.3】 $n \geq 4$일때 $2^n < n!$임을 보여라.

풀이 $P(n)$: $2^n < n!$

기본단계 : $P(4)=2^4=16<4!=24$: 참

귀납단계 : $P(n)$을 참이라고 가정, $2^n < n!$

$$P(n+1) : 2 \cdot 2^n < 2 \cdot n! < (n+1)n! < (n+1)! : 참$$

∴ 수학적 귀납법에 의해 $n \geq 4$인 모든 자연수 n에 대해 $2^n < n!$

수학적 귀납법은 Peano의 공리에 의한 정수의 구성에서 그 정당성을 찾는다. **N**을 구성하기 위한 Peano의 공리는 다음과 같다.

[정리 Ⅳ.1] **Peano의 정리**

P1. n의 후계자가 0이 되는 그런 n은 없다.

$suc(n) \neq 0$

P2. 만일 $m \neq n$이면, $suc(m) \neq suc(n)$

P3. 만일 $n \in \mathbf{N}$이면, $suc(n) \in \mathbf{N}$

2. 강한 귀납법

수학적 귀납법이 $P(n)$을 가정하는 반면에, 강한 수학적 귀납법은 ($P(0)$, $P(1)$, $P(2)$, $\cdots$, $P(n)$)을 가정하고 $P(n+1)$이 성립함을 보이는 것이다. 즉, 모든 n에 대하여 만일 모든 $m<n$이 P를 입증하면 n은 P를 입증한다. 수학적 귀납법은 뻬아노의 공리에 의한 N의 특수한 구성을 이용하는 데 대해서, 강한 귀납법은 N의 자연스런 순서를 이용한다.

【예제 IV.4】 1을 제외한 모든 자연수를 소수들의 곱으로 표현하여라.

풀이 기본 단계 : 2는 소수; $2=2$

귀납 단계 : $k \le n$인 모든 자연수 k가 소수들의 곱으로 표현된다고 가정

$(n+1)$이 소수이면 자기 자신이 하나의 곱, 소수가 아니면 $2 \le a \le b < (n+1)$인 두 개의 자연수 a와 b의 곱으로 표현되며 가정에 의해 a와 b는 소수들의 곱으로 표현하고, 따라서 $(n+1)$도 소수들의 곱으로 표현된다.

외디푸스 효과 :

옳은 의도와 동기가 반드시 좋은 결과만을 가져오지 않는 데에 인간사의 비극이 있다.

3. 귀납적 정의(inductive definition)

산술에서는 자주 귀납에 의해 함수를 정의한다. 하나의 함수가 그 자신에 조회할 때 귀납적으로 정의되었다고 한다. 가령 F가 계승함수라고 하면,

i. F(0) = 1

ii. F(n+1) = (n+1)F(n)

F(5)= 5F(4)=5·4F(3) = 5·4·3F(2) = 5·4·3·2F(1) = 5·4·3·2·1F(0)
= 5·4·3·2·1·1 = 120

【예제 IV.5】 피보나치 수(Fibonacci numbers) f_0, f_1, f_2, …는 n = 2,3,4,…에 대해 다음과 같이 정의된다.

$$f_0 = 0$$
$$f_1 = 1$$
$$f_n = f_{n-1} + f_{n-2}$$

f_2, f_3, f_4, f_5, f_6을 구하라.

풀이

$$f_2 = f_1 + f_0 = 1 + 0 = 1$$
$$f_3 = f_2 + f_1 = 1 + 1 = 2$$
$$f_4 = f_3 + f_2 = 2 + 1 = 3$$
$$f_5 = f_4 + f_3 = 3 + 2 = 5$$
$$f_6 = f_5 + f_4 = 5 + 3 = 8$$

Du choc des idées jaillit la lumière

- Le Corbusier -

[사고의 충돌에서 빛이 터져 나온다]

연습문제 IV

1. 1보다 큰 모든 정수에 대하여 $2^{2n}-1$은 3의 배수임을 증명하라.

2. 4보다 같거나 큰 모든 양의 정수에 대하여 $2^n < n!$가 성립함을 증명하라.

3. $h > -1$일 때 다음을 증명하라.

   $(1+nh) \leq (1+h)^n,\ n \geq 0$

4. 0이 아닌 모든 자연수 n에 대해 다음을 증명하라.

   $$1^2+2^2+\cdots+n^2=\frac{1}{6}n(n+1)(2n+1)$$

5. 0이 아닌 자연수 n에 대해 다음 명제가 성립함을 증명하라.

   $3^{2n}-2^n$은 7의 배수이다.

고객은 왕이다.

그러나 여직원을 여왕이라고는 생각하지는 마시라.

-Paris의 어느 까페에서-

4. 원시 회귀 함수(Primitivw recursive functions)

이 함수는 자연수 또는 n항의 자연수를 논함으로 취해 자연수를 산출하는 함수이다. 기본적인 원시 회귀 함수는 다음의 공리에 의해 주어진다.

1. zero -함수 : Z(x)=0
2. 계승자 함수 : S(x)=x+1
3. 투사 함수 : $P_m^n(x_1, \cdots, x_n) = x_m$

이 공리들을 이용해서 복합 회귀 함수를 구할 수 있다.

1. 합성 함수
   $h(x_1, \cdots, x_n) = f(g_1(x_1, \cdots, x_n), \cdots, g_m(x_1 \cdots, x_n))$

2. 원시 회귀
   $h(x, 0) = f(x)$
   $h(x, y+1) = f(x, y, h(x, y))$

【예제 Ⅳ.6】 직관적으로 덧셈을 회귀적으로 정의하면,

add(0,x) = x
add(n+1, x) = add(n,x) + 1

이를 위에 주어진 정의에 맞추어 다시 쓰면,

add(0,x) = P_1^1(x)
add(S(n), x) = S(P_1^3(add(n,x), n, x))

뺄셈을 위해서는 먼저 선행(Predecessor)함수 P를 정의한다.

P(0) = 0
P(n+1)= n

그리고

$$sub(n,m) = n-m$$
$$sub(n,0) = n$$
$$sub(n,m+1)=Pred(P_1^3(sub(n,m),n,m))$$

회귀함수의 개념은 계산 가능성(calculability)에서 핵심적인 개념인 바 여기에서는 운을 떼는 것으로 그치고자 한다.

가장 현명한 사람 : 모든 사람한테서 배우는 사람
가장 부유한 사람 : 자기가 가진 것으로 만족할 줄 아는 사람
가장 강한 사람 : 자기를 이기는 사람

V

우연의 정복

1. 개요

확률은 17세기에 도박에 대한 연구에서 태어났다. 오늘날에는 일기예보도 확률로 나타낼 만큼 확률은 일상의 일부가 되었고 매달 지불하는 보험료도 확률 계산에 의한 금액이다. 확률의 개념은 한 사건의 실현에서 얻을 수 있는 기회의 수를 평가하는 추출에서 나온다.

E를 기본사건[7]들의 집합이라고 할 때,

공리 1. 한 사건 A의 확률 P(A)는

$0 \le P(A) \le 1$

이 때 0은 불가능성, 1은 확실성을 나타낸다.

공리 2. E가 발생할 확률은 항상 1이다.

공리 3. A와 B가 양립 가능하지 않은 사건이라고 할 때 A나 B가 일어날 확률은 다음과 같다. (덧셈 규칙)

$P(A \cup B) = P(A) + P(B)$

이를 일반화하면,

---

7) n개의 사건 중 어느 하나가 반드시 일어나고 또한 2개가 동시에 일어나는 경우가 없을 때 이 사건들을 기본사건(simple event)들이라고 한다.

$$P(A_1 \cup A_2 \cup \cdots \cup A_n) = P(A_1) + P(A_2) + \cdots + P(A_n)$$

이 공리들을 쓰면, A의 배반(背反) 사건 $\overline{A}$의 확률은,
$P(A \cup \overline{A}) = P(A) + P(\overline{A}) = P(E) = 1$ 이므로
1-P(A)가 된다.

배반사건이 아닐때, 즉 양립할 수 있는 두 사건 A, B에 대하여 적어도 그 중 하나가 발생할 확률을 구하기 위하여, 먼저 다음과 같은 벤 다이어그램을 보자.

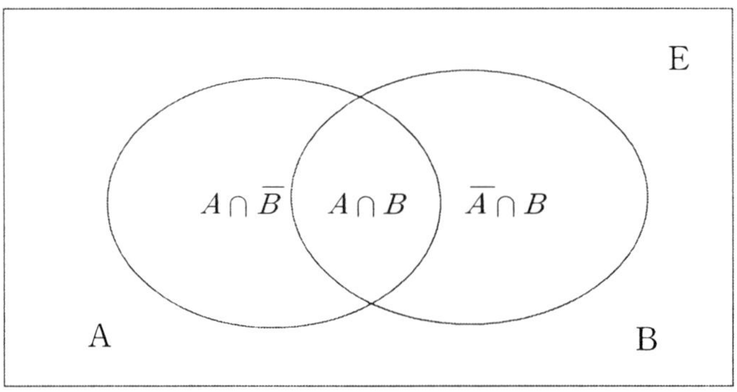

$$A \cup B = (A \cap \overline{B}) \cup (A \cap B) \cup (\overline{A} \cap B)$$
$$A = (A \cap \overline{B}) \cup (A \cap B)$$
$$B = (A \cap B) \cup (\overline{A} \cap B)$$

이 식들에서 우변의 사건들은 모두 배반 사건이므로 다음과 같이 쓸 수 있다.

① $P(A \cup B) = P(A \cap \overline{B}) + P(A \cap B) + P(\overline{A} \cap B)$
② $P(A) = P(A \cap \overline{B}) + P(A \cap B)$
③ $P(B) = P(A \cap B) + P(\overline{A} \cap B)$

이 식들로부터 어렵지 않게 포제(包除)원리(Inclusion · Exclusion Principle)를 얻을 수 있다.

【예제 V.1】 전체 인원 33명 중 25명은 영어를 할 줄 알고, 28명은 불어를 할 줄 안다. 두 언어를 다 할 줄 아는 사람의 수는?

풀이 포제 원리를 써서, $33 = 25 + 28 - |A \cap B|$
$|A \cap B| = 20$

$$P(A \cup B) = P(A) + P(B) - P(A \cap B)$$

이 식은 아주 유용하게 쓰이며 여러 사건들의 경우에 일반화 할 수 있다. 제 사건의 경우,

$$P(A \cup B \cup C) = P(A) + P(B) + P(C) - P(A \cap B) - P(A \cap C) - P(B \cap C) + P(A \cap B \cap C)$$

일미진중함시방 (一微塵中含十方)
일념즉시무량겁 (一念卽是無量劫)

— 의상대사 —

[하나의 먼지 속에 광대한 우주가 들어 있고 일념 속에 무한의 시간을 수렴시킬 수 있다.]

2. 독립 사건

사건 A의 발생 유무가 사건 B가 발생할 확률에 아무런 영향을 미치지 않을 때 두 사건은 서로 독립이라고 한다. 두 독립사건이 동시에 일어날 확률 $P(A \cap B)$는 P(A)P(B)이다. 두 개의 주사위를 던져 눈의 합이 6 (3,3)이 될 확률은 각각 3이 나올 확률이 $\frac{1}{6}$이므로 $\frac{1}{6} \times \frac{1}{6} = \frac{1}{36}$이다.

【예제 V.2】 두 개의 주사위를 던져서 눈의 합이 7이 될 확률은?

풀이 눈의 합이 7인 경우는 (1,6), (2,5), (3,4), (4,3), (5,2), (6,1)로서 모두 6가지이다. 각각의 조합이 나올 확률은 $\frac{1}{6} \times \frac{1}{6} = \frac{1}{36}$이고 이들 6가지 경우는 서로 배반 사건이므로 확률은 개개의 확률을 더한 $\frac{6}{36}$이 된다. 즉, 이것은 독립이면서 배반인 사건이어서 각각에 곱셈 규칙과 덧셈 규칙을 적용해야 한다.

두 사건 A, B에서 A의 발생 여부가 B가 일어날 확률에 영향을 미칠 때, B를 A의 종속 사건이라고 한다. 종속 사건은 모두 조건부 확률이다.

생각한대로 살지 않으면 산대로 생각하게 된다.

-Paul Bourget-

3. 조건부 확률

A라는 사건이 발생한다는 가정 하에 B 사건의 확률을 구해야 할 경우가 있다. 조건 확률 P(A|B)는 사건 B가 발생 했다는 전제 하에 사건 A가 발생할 확률을 가리킨다.

$$P(A|B) = \frac{P(A\cap B)}{P(B)}$$

다음의 다이어그램은 이 정의를 잘 보여준다.

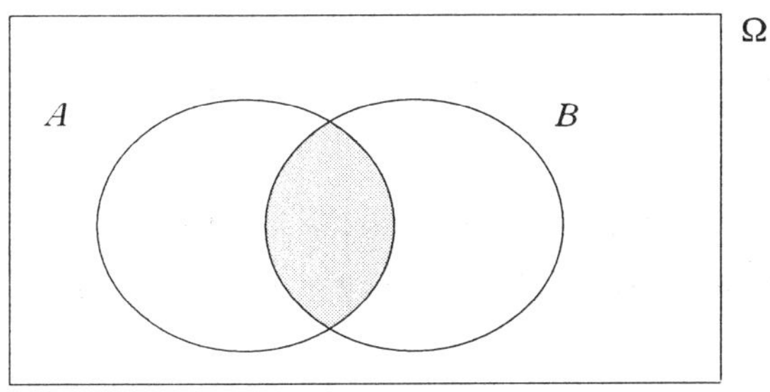

어떤 경우에는 $P(A\cap B)$와 P(B)가 주어지고 P(A|B)를 구하는 문제가 있으며, 다른 경우에는 P(A|B)와 P(B)가 주어지고 $P(A\cap B)$를 구하는 문제가 있다. 이 예제는 곱셈규칙을 쓰면 된다.

$$P(A\cap B) = P(B)\ P(A|B)$$

$P(A\cap B)$에서 A와 B의 역할은 대칭이므로 곱셈규칙을 다음과 같이 쓸 수도 있다.

$$P(A\cap B) = P(A)\ P(B|A)$$

두 공식은 B를 조건화하느냐 A를 조건화 하느냐의 차이를 보여주며 보통 선행하는 사건이 조건화되기 마련이다.

【예제 V.3】 바구니에 5개의 검은 공과 3개의 흰공이 있다. 무작위로 두 개의 공을 꺼냈을 때 둘 다 검은 공일 확률은?

풀이 A : 첫 번째에 검은 공을 얻는 사건

B : 두 번째에 검은 공을 얻는 사건

우리가 구하려는 확률은 $P(A \cap B)$이다.

$$P(A \cap B) = P(A)\ P(B|A) = \frac{5}{8} \times \frac{4}{7} = \frac{5}{14}$$

곱셈 규칙은 어렵지 않게 일반화 할 수 있다. 세 개의 사건 A, B, C의 교집합 $A \cap B \cap C$의 경우를 보자.

먼저 $A \cap B$를 조건화하면,

$$P(A \cap B \cap C) = P(A \cap B)\,P(C\,|A \cap B)$$

여기에서 A를 조건화하면, $P(A \cap B) = P(A)\ P(B|A)$

두 식을 결합하면 세 가지 사건의 교집합에 대한 곱셈규칙은 다음과 같다.

$$P(A \cap B \cap C) = P(A)P(B\,|A)\,P(C\,|\,A \cap B\,)$$

n가지 사건의 교집합의 경우에 대해 공식을 각자 구해보도록 하자.

A, B 두 사건이 서로 독립인 경우,

$$P(A|B) = P(A)$$
$$P(B|A) = P(B)$$

가 됨을 쉽게 이해할 수 있다. 그래서 독립사건은 이렇게 정의된다.

$$P(A \cap B) = P(A)\ P(B)$$

이 식은 P(B|A)가 P(B)로 대체된 식으로서 역시 곱셈규칙이라고 불린다.

4. 전체확률

Ω가 유한이고 P(Ω)는 Ω를 구성하는 사건들의 확률의 합이다. Ω를 전사건, e_i를 근원사건이라 한다.

$$\sum_{e_i \in \Omega} P(\{ei\}) = 1$$

Ω의 분할이 $\{A_1, A_2, \cdots, A_k\}$라고 할 때, 임의의 사건 B에 대해 고려해 보자.

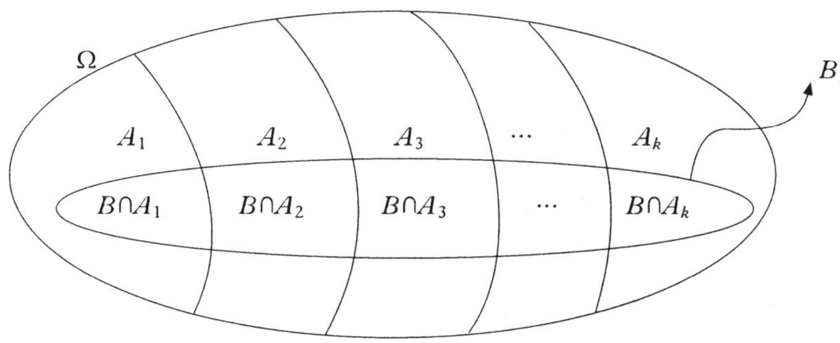

이때 $B = (B \cap A_1) \cup (B \cap A_2) \cup \cdots \cup (B \cap A_k)$이므로

$P(B) = P(B \cap A_1) + P(B \cap A_2) + \cdots + P(B \cap A_k)$

$P(B \cap A) = P(B|A)P(A)$ 이므로,

$P(B) = P(B \mid A_1)P(A_1) + P(B \mid A_2)P(A_2) + \cdots + P(B \mid A_k)P(A_k)$

이를 전체확률의 법칙이라고 부른다.

【예제 V.4】 어느 고등학교 3학년은 T_1, T_2, T_3 세 클래스로 구성되어 있다. 3학년 전체의 30%, 50%, 20%가 각각 T_1, T_2, T_3에 속해 있고, 여학생의 25%, 40%, 80%가 T_1, T_2, T_3에 각각 속해 있다. 우연히 3학년 학생 중 한 명을 선택할 경우 여학생을 선택할 확률은?

풀이 3학년 학생 전체를 T라 할 때 T_1, T_2, T_3는 T의 분할이다.
F를 여학생을 선택하는 사건이라 할 때,

$P(T_1) = 0.3$, $P(T_2) = 0.5$, $P(T_3) = 0.2$

$P(F/T_1) = 0.25$, $P(F/T_2) = 0.4$, $P(T_3) = 0.8$

전체확률의 법칙에 의해,

$$\begin{aligned} P(F) &= P(F/T_1)P(T_1) + P(F/T_2)P(T_2) + P(F/T_3)P(T_3) \\ &= 0.25 \times 0.3 + 0.4 \times 0.5 + 0.8 \times 0.2 \\ &= 0.435 \end{aligned}$$

즉 3학년 학생들 중에서 여학생 한 명을 선택할 확률은 0.435이고, 이는 곧 전체학생 중에 여학생이 43.5%임을 의미한다.

【예제 V.5】 어떤 상품을 세 공장 Ⅰ,Ⅱ,Ⅲ에서 각각 50%. 30%, 20%를 생산한다. 그리고 각 공장에서 나오는 불량품은 3%, 5%, 8%이다. 이 공장들로부터 나올 제품이 불량인 확률은?

풀이 먼저 다음과 같이 정한다.

A : 제품이 불량인 사건

E_1 : Ⅰ공장 제품일 경우

E_2 : Ⅱ공장 제품일 경우

E_3 : Ⅲ공장 제품일 경우

문제에서 주어진 정보는 다음과 같다.

$P(E_1) = 0.5$ $P(A|E_1) = 0.03$

$P(E_2) = 0.3$ $P(A|E_2) = 0.05$

$P(E_3) = 0.2$ $P(A|E_3) = 0.08$

우리가 구해야 할 것은 P(A)이다.

$A \cap (E_1 \cup E_2 \cup E_3) = (A \cap E_1) \cup (A \cap E_2) \cup (A \cap E_3)$이므로,

$$\begin{aligned} P(A) &= P[(A \cap E_1) \cup (A \cap E_2) \cup (A \cap E_3)] \\ &= P(A \cap E_1) + P(A \cap E_2) + P(A \cap E_3) \end{aligned}$$

$$= P(A|E_1)P(E_1)+P(A|E_2)P(E_2)+P(A|E_3)P(E_3)$$

$$= \frac{3}{100}\cdot\frac{50}{100}+\frac{5}{100}\cdot\frac{30}{100}+\frac{8}{100}\cdot\frac{20}{100}=0.0460$$

전체 확률의 법칙도 어렵지 않게 일반화할 수 있다. $E_1, E_2, \cdots, E_n$이 서로 배타적이고 총망라된 경우일 때, 임의의 사건 A의 확률은 다음과 같다.

$$P(A) = \sum_{i=1}^{n} P(A|E_i)P(E_i)$$

5. Bayes 정리[8)]

Bayes 정리는 새로운 정보의 획득에 의해서 앞서 부여한 확률을 어떻게 재평가해야 하는지를 알려주는데, 이를 위해 두 조건부 확률을 연결시킨다.

$$1)\ P(A|B) = \frac{P(A\cap B)}{P(B)}$$

$$2)\ P(B|A) = \frac{P(A\cap B)}{P(A)}$$

이 두 공식으로부터 베이즈 정리를 도출한다.

$$P(A|B) = \frac{P(A)}{P(B)}P(B|A)$$

P(A) : 사건 A의 사전 확률
P(A|B) : B라는 조건하에서 A의 사후확률

우리는 다음 식이 성립함을 안다. 여기에서의 A^c은 A의 여집합이다.

$$\begin{aligned} P(B) &= P(A\cap B) + P(A^c\cap B) \\ &= P(B|A)P(A) + P(B|A^c)P(A^c) \end{aligned}$$

이를 이용하여 앞의 정리를 다시 쓰면

$$P(A|B) = \frac{P(B|A)P(A)}{P(B|A)P(A) + P(B|A^c)P(A^c)}$$

【예제 V.6】 앞의 예제에서 불량품이 발견되었을 경우, 이 제품이 I 공장에서 나왔을 확률은?

8) Thomas Bayes(1702~1761) 신부가 만든 정리.

풀이 우리가 구하고자 하는 확률은 $P(E_1|A)$이다.

$$P(E_1|A) = \frac{P(E_1 \cap A)}{P(A)}$$

$$= \frac{P(A|E_1)P(E_1)}{P(A)}$$

(앞에서 P(A)= 0. 0460이므로)

$$= \frac{(0.03)(0.5)}{0.0460} \approx 0.3261$$

다음의 다이어그램은 베이즈의 정리와 전체 확률의 법칙의 관계를 잘 보여준다.

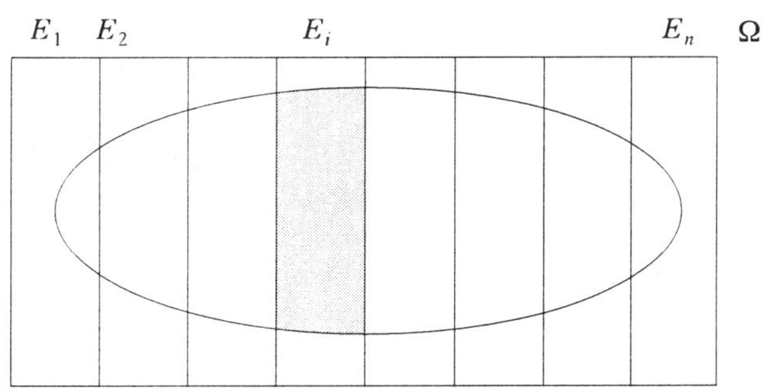

【예제 V.7】 도박을 하는데 나의 상대가 속임수를 쓸 확률은 $\frac{1}{10}$이다. 내가 사기꾼과 도박을 할 때 그는 $\frac{2}{3}$의 경우 이긴다. 그러나 정직한 도박사와 상대할 경우 나의 승률은 $\frac{99}{100}$이다. 방금 도박을 했는데 졌다. 나의 상대방이 사기꾼일 확률은?

풀이 사건 A, B를 다음과 같이 놓자.

A = 속임수를 쓰는 사건

B = 내가 지는 사건

$P(A) = \frac{1}{10}$, $P(B|A) = \frac{2}{3}$, $P(A^c) = \frac{9}{10}$, $P(B|A^c) = \frac{1}{100}$

$$P(A|B) = \frac{\frac{1}{10} \cdot \frac{2}{3}}{\frac{1}{10} \cdot \frac{2}{3} + \frac{9}{10} \cdot \frac{1}{100}} = 88.1\%$$

속임수를 쓸 사전확률이 10%에서 88.1%로 바뀐 점에 유의하자.

내가 진 다음 사기꾼과 도박을 했을 확률은 10%에서 88.1%로 넘어갔다. 내가 지기 전에는 나의 상대방이 사기꾼일 개연성이 낮았지만 이제는 그가 사기꾼이라는 사실이 거의 확실해진 것이다. 그래서 사람은 "겪여봐야안다."고 하지 않던가!

Bayes의 정리 역시 일반화 할 수 있다. 서로 배타적인 사건 $E_1, E_2, \cdots, E_n$과 임의의 사건 A에 대해, 이 사건이 E_i에서 나왔을 확률.

$$P(E_i|A) = \frac{P(A|E_i)\,P(E_i)}{\sum_{j=1}^{n} P(A|E_j)P(E_j)}$$

돈 없는 사람도 할 수 있는 7가지 보시

1. 성심을 다하여 남의 일을 잘 보아줌
2. 남의 슬픔이나 기쁨을 함께 나눔
3. 부드럽고 웃는 얼굴로 대함
4. 자비로운 눈으로 바라봄
5. 진심어린 말을 함
6. 남의 마음에 여유를 줌
7. 자리를 양보하듯 양보하는 마음

6. 베이즈 정리의 사회적, 법적 측면

만일 하나의 행위(예컨대 범죄행위)가 일어날 수 있는 확률이 어떤 사회적, 문화적 또는 유전적 요인에 의한 것이라면 어떻게 할 것인가?

한편으로는, 행위자의 책임을 부분적으로라도 감면해주어야 하지 않나하는 의문이 제기될 수 있으며, 이런 요인에 제대로 대처하지 못한 사회의 책임을 물을 수도 있다.

또 다른 편으로는, 이러한 정보를 예방 정책 수립에 활용할 수도 있다. 여기에는 공익을 위해서 시민을 차별대우할 수 있는가의 문제가 제기된다.

우리가 실제 부딪히는 문제 중에 가짜 양성 반응이란 것이 있다. 가짜 양성 반응이란 어떤 병에 걸리지 않은 사람에게서 양성의 결과가 나오는 경우를 말하는데 모든 테스트에 내재하는 어려움이다. 이런 경우에 테스트가 틀리게 양성반응으로 나올 수 있는 확률을 구해야 할 것이다. 다음과 같은 아주 신빙성이 높은 테스트를 생각해보자.

- 환자가 병에 걸렸을 경우 테스트는 99% 양성반응을 보인다.
- 환자가 병에 걸리지 않았을 경우 테스트는 95% 음성반응을 나타낸다.
- 이 병은 1000명에 한 명 꼴로 감염된다고 상정한다.

이제 우리는 테스트가 잘못된 양성반응을 나타낼 확률을 구하기 위해 필요한 모든 정보를 갖추었다.

A : 환자가 감염된 사건

B : 테스트가 양성인 사건

$$\mathrm{P}(A \mid B) = \frac{0.99 \times 0.001}{0.99 \times 0.001 + 0.05 \times 0.999} \approx 0.019$$

따라서 테스트가 양성 반응일 **때**, 환자가 감염되지 않을 확률은 (1 - 0.019) = 0.981로서 양성반응이 나왔다고 해서 공황상태에 빠질 필요는 없다는 점을 시사한다.

베이즈의 정리는 Thomas Bayes(1702-1761) 신부가 연구한 사후 확률에 관한 이론이다. 프랑스의 작가 에밀졸라의 “나는 고발한다!”로 유명해진 드레퓌스(Drefus) 사건으로 이 정리는 처음으로 여론의 주목을 받았다. 드레퓌스 대위는 1895년 군법회의에서 국가에 대한 반역죄로 유죄 평결을 받는다. 그에 대한 기소는 독일 무관에게 보내는 서명이 없는 찢긴 편지에 근거를 두었다. 이 편지의 글자체는 드레퓌스의 필적과 어떤 유사성을 지니고 있어서, 법원은 그 당시 지문을 활용하여 과학 수사의 대가로 알려진 베르띠옹(A.Bretillon)에게 이 편지의 감정을 의뢰한다. 1898년 항소심에서 베르띠옹은 문제의 편지를 쓰는데 드레퓌스가 사용한 체계를 찾았다고 발표한다. 드레퓌스는 자와 동전을 사용하는 기발한 방식으로 자신의 필적을 위조했다는 것이다. 그의 주장을 뒷받침하는 확률 계산에 의하면, 문제의 편지와 드레퓌스가 사용했다고 추정되는 방법으로 작성된 자료 사이에는 우연이라고는 보기 어려운 큰 일치가 있다는 것이다. 베르띠옹은 자신의 주장이 드레퓌스의 유죄에 대한 진정한 수학적 증명이라고 믿었으며, 이같은 증언이 유죄에 무게를 실어주었음은 물론이다. 그러나 드레퓌스에게 불리한 증언을 했던 다른 증인이 자살하는 등, 사회적 분위기는 유죄에 대해 회의적이었다.

여기에 수학자들이 자신들의 전공이 유죄를 확립한 데 대하여 관심을 갖기 시작한다. 모든 사람의 존경을 받는 뿌엥까레(Poincaré)가 베르띠옹의 논증 방식을 비판했지만 허사였다.

사건은 1904년 프랑스 최고 법원에서 다시 심의하게 되었는데 법원 당국은 뿌엥까레, 다르부(DArboux, 프랑스 과학원 종신 사무국장), 아뻴(Appell, 빠리대 자연대 학장) 세 학자에게 문제의 서류에 대한 과학적 감정을 재의뢰한다. 이들은 시간과 노력을 아끼지 않고 증인들을 인터뷰하고 수많은 실험과 계산을 수행했다.

뿌엥까레에게는 유죄를 입증하기 위해 사용된 확률 계산이 문제의 핵심이었다. 여기에 베이즈 정리가 등장한다. 관찰 결과로부터 어떤 원인에 대한 확률 계산은 위에서 본 가짜 양성 반응의 사례에서 잘 나타난다. 이렇게 베이즈 정리는 원인에 대한 사전 확률과 각각의 가능한 원인들에 대해 관찰된 사건의 확률을 안다는 전제에서 출발해야 한다.

그런데 베르띠옹의 체계에서는 사전 확률이 계산과는 동떨어진 오직 심리적 요소로 구성된 것이어서, 이런 체계에서는 어떤 계산도 가능하지 않다고 뿌엥까레는 지적했다.

일찍이 오귀스트 꽁뜨(Auguste Comte)는 “윤리학에 확률 계산을 적용하는 것은 수학의 스캔들이다.”라고 갈파했는데, 뿌엥까레는 이 말을 인용하는 것을 잊지 않는다.

결국 드레퓌스는 복권되었고, 20여 페이지에 달하는 판결문에서 한 페이지 전체가 이들의 제출한 보고서에 할애되었다. 이 학자들의 개입은 진리라는 대의를 위한 과학적 정직성의 표본이라고 할 만하다.

연습문제 V

1. 시험에 대비하여 복습한 학생과 복습하지 않은 학생이 시험에 실패할 확률은 각각 20%, 60%이다. 전체 학생의 50%는 복습을 했고 나머지 50%는 복습을 하지 않는다. 어떤 학생이 복습을 했음에도 불구하고 두 번 연이어 시험에 실패할 확률은?

2. 어느 회사 직원들의 출근 상황은 다음과 같다. A조의 결근율은 4%, B조의 결근율은 8%, C조의 결근율은 22%이다. 전직원의 80%는 A조이고 B조와 C조는 각각 10%이다. 어떤 결근한 직원이 A조에 속할 확률은?

3. 공으로 채워진 두 개의 항아리가 있다. 첫 번째에는 10개의 검은 공과 30개의 흰 공이 들어있고, 두 번째에는 흰공과 검은공이 각각 20개씩 있다. 내가 무작위로 두 항아리 중 하나에서 공을 꺼냈더니 흰공이다. 이 공이 첫 번째 항아리에서 나왔을 확률은?

4. 딸 수 있는 확률이 0.2인 두 대의 도박기계가 있다. 두 대 중 한 대를 조작하여 승률이 0.6이 되게 하였을 때 다음 확률을 구하라.
   ① 한 번 땄을 때 조작된 기계일 확률
   ② 읽었을 때 조작된 기계일 확률
   ③ 두 번 연속 땄을 때 조작된 기계일 확률
   ④ 두 번 연속 읽었을 때 조작된 기계일 확률
   ⑤ 한번은 따고 한번은 읽었을 때 조작된

다른 사람의 내 말에 대한 대답을 들은 연후에야 비로소 나는 내 말의 의미를 터득한다.

VI

백만인의 미적분

6.1 미분

1. 수열의 극한

미분과 적분은 함수와 극한의 개념에 전적으로 기초하기 때문에 지금부터 극한의 개념에 대해 알아보기로 하자. 이 개념은 무한을 취급할 수 있는 방법을 제공해서 모든 해석학은 근사적 지식이라고 말해도 지나치지 않을 것이다.

수열이란 말 그대로 x_1, x_2, …, x_n, … 와 같은 수들의 무한한 잇달음을 의미한다. 하나의 수열은 일반항에 의해 나타낼 수 있는데 예컨대 일반항이 n/n+1인 수열은 다음과 같은 수열이다.

$$\frac{1}{2}, \frac{2}{3}, \frac{3}{4}, \frac{4}{5}, \frac{5}{6}, \cdots, \frac{n}{n+1}, \cdots$$

이제 일반항이 $2 - 1/10^n$ 인 경우를 보자.

$$1.9,\ 1.99,\ 1.999,\ 1.9999,\ \cdots$$

여기에서 n이 무한정 증가한다면 $2 - 1/10^n$은 점점 더 2에 가까워진다는 사실을 즉시 알 수 있다. 이때 우리는 2를 이 수열의 극한이라고 한다.

일반적으로 수열은 (U_n)으로 표기한다.

$$U_0, U_1, U_2, \cdots, U_n, \cdots$$

(U_n)은 수열의 항 전체를 가리키고 U_n은 지표 n인 항에 해당한다. (U_n)에 대해 다음과 같은 정의가 사용된다.

- 증가수열 : 모든 양의 정수 n에 대해 $U_n \leq U_{n+1}$이면 증가수열이다. 따라서

$$U_0 \leq U_1 \leq U_2 \leq U_3 \cdots$$

- 감소수열 : 그 반대의 경우로서 $U_{n+1} \leq U_n$이 되는 경우이다. 즉 다음과 같은 수열이다.

$$U_{n+1} \leq U_n \leq U_{n-1} \leq \cdots \leq U_2 \leq U_1 \leq U_0$$

- 단조수열 : 증가 또]는 감소하는 수열을 의미한다.
  $U_n = 2n$(증가수열)과 $V_n = \dfrac{1}{n+1}$(감소수열)은 단조수열이다. $|W_n|=|n-2|$는 단조수열이 아니다.

(U_n)이 실수 L을 극한으로 갖고 있다는 것은 n이 무한정 커질 적에 U_n에 대응하는 수들이 L 주위에 모인다는 것을 의미한다. 이런 수열을 수렴(convergence)한다고 한다.

$$\lim_{n\to\infty} U_n = L$$

위에서 주어진 예의 경우 이는 아래의 동치를 함축한다.

$$\lim_{n\to\infty} U_n = 2 \Leftrightarrow \lim_{n\to\infty} |U_n - 2| = 0$$

$(U_n)=n^2$의 경우, $\lim_{n\to\infty} n^2$의 경우, $\lim_{n\to\infty} n^2=\infty$로서 발산하는 수렴이다.

2. 함수의 극한

극한값 a로 수렴하는 다음 수열을 생각해보자.

$$x_1,\ x_2,\ x_3,\ \cdots,\ x_n,\ \cdots \rightarrow a$$

이 수열의 모든 항 x_n이 독립변수 x의 영역에 속한다고 할 때, 주어진 함수 f(x)에 대해서 $f(x_n)$은 잘 정해진 값이다. 그렇다면 $f(x_1)$, $f(x_2)$, $\cdots$, $f(x_n)$, $\cdots$이라는 수열이 어떤 극한 L로 수렴할 수도 있다.

만일 x'_1, x'_2, x'_3, $\cdots$, x'_n, $\cdots$가 a로 수렴하는 다른 수열이라면 $f(x'_1)$, $f(x'_2)$, $\cdots$, $f(x'_n)$, $\cdots$은 수렴하지 않을 수도 있다. 또는 L과는 다른 L′으로 수렴할 수 있다. 아래의 그래프는 두 가지 경우를 각각 나타낸 것이다.

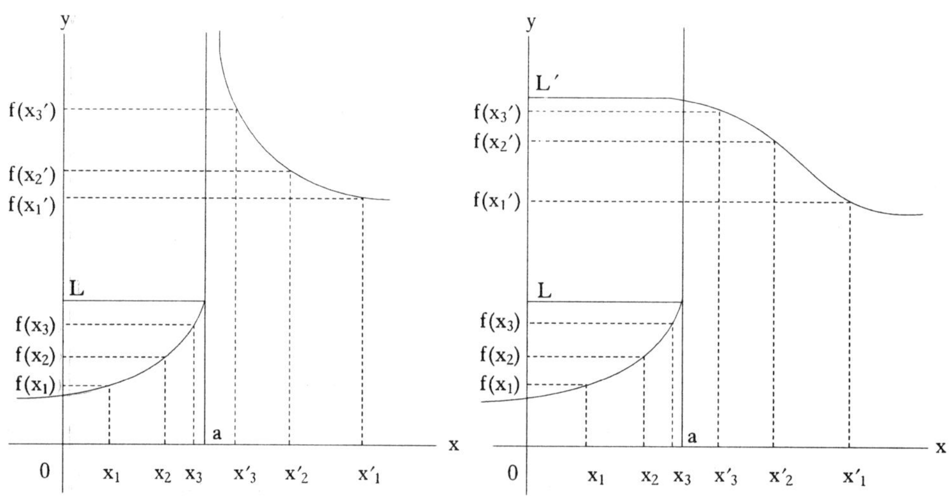

x가 a에 수렴할 때 L은 함수 f(x)의 극한이다.

$$\lim_{x \to a} f(x) = L$$

이 때 a가 독립변수의 영역에 속할 필요는 없다. 즉 f(a)는 값을 갖지 않아도 된다. 변수 x가 정확하게 a가 아니더라도 a에 가까워질 적에 어떤 일이 생기는지 알아보자.

【예】 다음과 같은 함수가 있다고 하자.

$$f(x) = \frac{x^2 - 9}{x - 3}$$

이 함수는 x = 3인 경우를 제외하고 x의 모든 값에 대하여 f(x)의 값이 정해진 함수이다. $x \neq 3$인 모든 x의 값에 대해 f(x)의 값은 함수 y = x + 3의 값과 같다. 다만 (3, 6)은 이 함수에 속하지 않는다는 점을 제외하고 말이다. 그럼에도 불구하고 $\lim_{x \to 3} \frac{x^2 - 9}{x - 3}$는 존재하고 그것은 바로 6이다. 이처럼 f(a)는 존재하지 않는 경우에도 $\lim_{x \to a} f(x)$는 존재할 수 있다는 중요한 사실을 알 수 있다. 이는 그래프로 표현하면 다음과 같다.

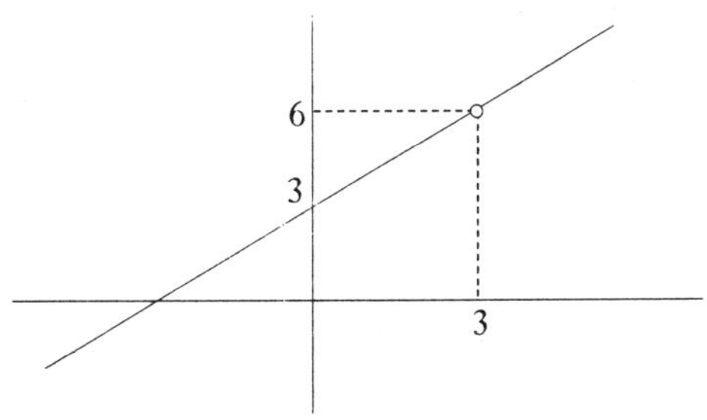

이를 참고로 우리는 함수의 연속에 대하여 정의할 수 있다. 함수 f(x)는 아래와 같은 조건을 모두 만족시킬 때 x = a에서 연속이다.

① f(a)가 값을 가지며,

② $\lim_{x \to a} f(x)$가 존재한다.

③ $\lim_{x \to a} f(x) = f(a)$

이 중 어느 하나의 조건이 만족되지 못하는 함수는 x = a에 대하여 불연속이다.

3. 접선(Tangent)의 개념

극한의 개념을 사용하여 접선을 정의할 수 있다. P를 곡선의 한 점이라 하고 이 점에서 곡선의 접선을 구하는 문제를 생각해보자.

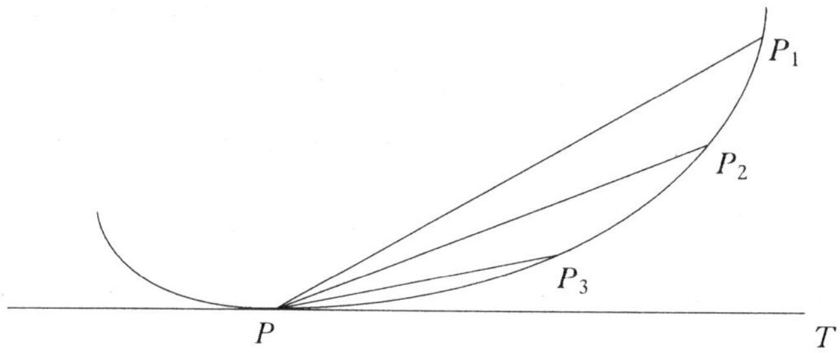

이제 P와는 다른 곡선상의 점의 열 P, P_1, P_2, P_3, …, P_n, …을 보면, 이 열은 극한으로의 P를 갖는다. 즉 거리 PP_1, PP_2, PP_3, …, PP_n, …은 극한으로서 0에 가까워진다. 이제 우리는 P에서의 접선 PP를 구할 수 있는데 이는 바로 P점에서의 접선의 기울기가 된다.

> [정의 VI.1] 점 P에서 접선의 기울기는 P_n이 P로 수렴할 때 분할선들 PP_1, PP_2, PP_3, … PP_n의 극한이다.

모든 완전성(perfection)은 자신의 내부를 향함에 따라 증가되고 외부를 향함에 따라 감소된다.

- Swedenborg -

4. 도함수

$y = f(x)$에서 곡선상의 두 점 P_1, (x_1, y_1), $P_2(x_2, y_2)$가 있을 때 분할선 P_1P_2의 기울기는 $y_2 - y_1 / x_2 - x_1$이다. 이때 $x_2 - x_1$은 $\triangle x$, $y_2 - y_1$을 $\triangle y$로 표기하고 각각 'x의 증분', 'y의 증분'이라고 한다. 그러면 P_1P_2의 기울기는 $\triangle y/\triangle x$가 될 것이다. 점 P_2가 P_1에 접근하면 x_2는 x_1에 가까워져서 $\triangle x \to 0$으로 수렴하고, 역시 y_2는 y_1에 가까워져서 $\triangle y \to 0$으로 수렴할 것이다. 그러나 $\triangle y / \triangle x$는 극한값을 가질 수 있으며, 이러한 극한이 존재한다면 이 극한이 바로 점 $P_1(x_1, y_1)$에서 이 곡선에 대한 접선의 기울기가 될 것이다. 곡선은 각 점에서 각에 따른 기울기를 갖게 되므로 주어진 지점에서의 곡선의 기울기라는 점을 유념해야 할 것이다.

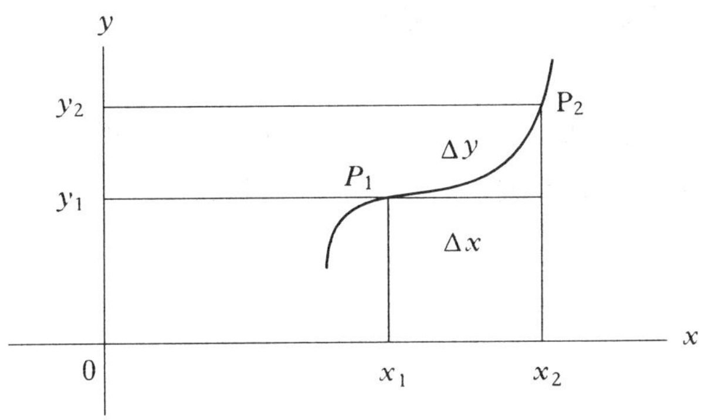

여기에서 $\lim\limits_{\triangle x \to 0} \dfrac{\triangle y}{\triangle x}$는 x의 새로운 함수로서 f(x)의 도함수라고 부르며 dy/dx, d(f(x)/dx) 또는 f'(x)로 나타낸다. 도함수는 x에 대한 y의 변화율을 의미하고, 도함수를 구하는 것을 미분이라 한다.

$$\lim_{\triangle x \to 0} \frac{f(x+\triangle x)-f(x)}{\triangle x} = \lim_{\triangle x \to 0} \frac{\triangle y}{\triangle x} = \frac{dy}{dx}$$

인식론적 관점에서 이 식은 좌변의 기하학적 고찰에서 우변의 대수적 고찰로 넘어가는 역사적 순간이다. 대수적 고찰이 중요한 이유는 연산을 가능하게 해주기 때문이다. 여기에서 dy/dx를 dy를 dx로 나눈 몫으로 보아서는 안 된다. 또한 $\lim\limits_{\triangle x \to 0} (\triangle y) = dy$로 생각해서도 안 된다. 그렇게 되면 dy/dx는 $\dfrac{0}{0}$이 되어 부정(否定)이 될 것이다.

5. 사례 : 함수 x^n의 미분

$\lim\limits_{\triangle x \to 0} \dfrac{f(x+\triangle x)-f(x)}{\triangle x} = \dfrac{dy}{dx}$를 상기하면서 먼저 f(x) =x인 경우를 보면, $f'(x) = \lim\limits_{\triangle x \to 0} \dfrac{x+\triangle x - x}{\triangle x} = 1$이 됨을 알 수 있다.

$f(x) = x^2$인 경우에는, $\lim\limits_{\triangle x \to 0} \dfrac{(x^2+\triangle x)-x^2}{\triangle x} = 2x$가 된다.

$f(x) = x^3$인 경우에는, $\lim\limits_{\triangle x \to 0} \dfrac{(x^3+\triangle x)-x^3}{\triangle x} = 3x^2$이 된다.

이러한 결과를 일반화하면, $f(x) = x^n$의 도함수 $f'(x)$는 $nx^{n\ 1}$이 되리라는 것을 추정할 수 있다.

그러나 수학에서는 추측만 가지고는 부족하며 이를 증명해야 한다. 이항정리9)에 의해 1보다 큰 자연수 n에 대해서 다음이 성립한다.

$$y + \triangle y = (x+\triangle x)^n = x^n + nx^{n\ 1}\triangle x + \cdots$$
$$\triangle y = nx^{n-1}\triangle x + \cdots$$

$$\frac{\triangle y}{\triangle x} = nx^{n-1} + \cdots$$

$$\lim_{\triangle x \to 0} \frac{\triangle y}{\triangle x} = nx^{n-1}$$

이 식은 n이 +, −, 0일 때 모두 성립한다.

죄무자성종심기 (罪無自性從心起)
심약멸시죄역망 (心若滅時罪亦亡)
-천수경-
[죄는 본래 실체없는 마음에서 일어나니 이 마음만 없어지면 죄도 또한 사라지네]

9) $(a+b)^n = {}_nC_0a^n + {}_nC_1a^{n-1}b + {}_nC_2a^{n-2}b^2 + \cdots + {}_nC_ra^{n-r}b^r + \cdots + {}_nC^{n-1}ab^{n-1} + {}_nC_nb^n$

6.2 적분

1. 원시함수

x의 모든 값에 대해 어떤 함수가 동일한 값을 취할 때 이 함수의 미분계수(도함수)는 0이다. 역으로 x가 어떤 값을 갖더라도 어떤 함수의 미분계수가 0이면, 이 함수는 항등함수이다.

두 함수 F(x)와 G(x)가 x의 모든 값에 대해 동일한 도함수를 갖으면, 즉 $F'(x) = G'(x)$이고, 그들의 차는 상수 C가 된다. $G(x) - F(x) = C$.

이 명제의 역도 성립하는데 상수 C의 미분계수는 0이기 때문이다. 그래서 다음과 같은 정리에 이르게 된다.

> [정리 VI.1] 두 함수 F(x)와 G(x)가 동일한 도함수를 갖으면, $G(x) = F(x) + C$가 되고 역도 마찬가지이다.

기하학적으로 이 정리는 다음과 같은 사실을 의미한다.

두 곡선 $y = F(x)$와 $y = G(x)$가 모든 x값에 대해 평행한 접선을 갖는 경우는 오직 다음과 같은 경우에 한해서이다. 즉 x의 모든 값에 대해 그들의 y값은 일정한 차이 C를 가질 때이다.

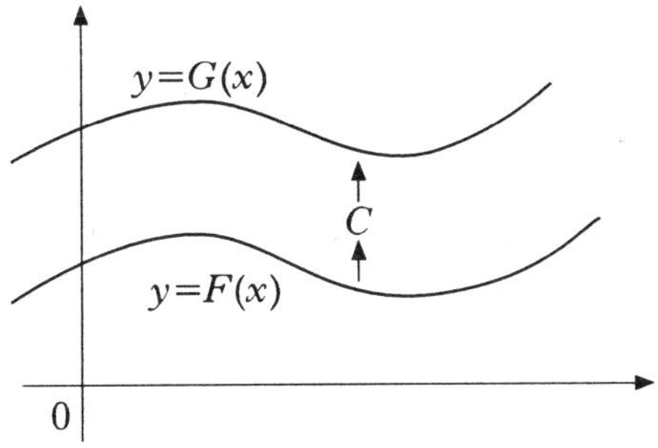

[정의 VI.1] 만일 F(x)의 도함수가 f(x)라면, F(x)를 f(x)의 원시함수라고 부른다. 위의 정리에 따라 f(x)의 모든 원시함수들은 F(x) + C가 됨을 이해할 수 있을 것이다. 이처럼 하나의 원시함수는 일의적으로 결정되지 않는다. 하지만 F(x)가 원시함수들 중 하나라면 다른 원시함수들은 여기에 상수 C를 추가함으로써 얻어질 수 있다.

원시함수 전부를 나타내는 F(x) + C라면 표현은 f(x)의 부정적분이라 불리고, 하나의 함수의 원시함수들을 결정하는 절차를 적분이라고 한다. 따라서 아래의 식이 성립된다.

$$\int f(x)dx = F(x) + C$$

이 식은 $F'(x) = f(x)$인 경우에만 성립함을 잊어서는 안된다.

미분의 역과정으로서의 적분을 이해하면, 다항식을 적분하는 것은 어렵지 않다. 즉 f(x)의 부정적분을 구한다는 것을 f(x)를 도함수로 하는 함수가 무엇인지를 묻는 것과 같기 때문이다.

$$\int f(x)dx = F(x) + C$$

$$\frac{dF(x)}{dx} = f(x)$$

예를 들어 $\int x^3dx = \frac{x^4}{4} + C$가 되는데, 그 이유는 $\frac{d}{dx}\left(\frac{x^4}{4}\right) = x^3$이기 때문이다.

일반적으로 $\frac{x^{n+1}}{n+1}$을 미분하면 x^n을 얻게 되므로 다음 식이 성립한다.

(1) $\int x^n dx = \frac{x^{n+1}}{n+1} + C$

또한 $\frac{d}{dx}(kx) = k$이므로

(2) $\int k dx = kx + C$

그리고 아래의 정리들을 앞으로 이용할 것이다.

(3) $\int [f(x) + g(x)]dx = \int f(x)dx + \int g(x)dx$

(4) $\int kf(x)dx = k\int f(x)dx$

이상의 (1), (2), (3), (4)의 식들을 이용하면 우리는 어떤 다항식이든 적분할 수 있다.

$$\begin{aligned}
&\int (4x^3 + 3x + 4)dx \\
&= \int 4x^3 dx + \int 3x dx + \int 4 dx \\
&= 4\int x^3 dx + 3\int x dx + \int 4 dx \\
&= 4 \cdot \frac{x^4}{4} + C_1 + 3 \cdot \frac{x^2}{2} + C_2 + 4x + C_3 \\
&= x^4 + \frac{3}{2}x^2 + 4x + C
\end{aligned}$$

내가 정말 해야 할 일이 무엇인지 알기까지 얼마나 오랜 시간이 필요했던가!
인간은 자신이 진정으로 원하는 것을 잘 모르고 있는 것 같다.

2. 적분상수

부정적분에 나타나는 상수 C는 문제에 부과된 일정한 조건들에 의해 정해질 수 있다. 두 개의 사례를 통해 이에 대해서 알아보자.

【예제 VI.1】 어떤 곡선의 접선의 기울기가 모든 점 (x, y)에서 $\frac{x}{2}$이고 또 점 (2, 4)를 지나는 함수의 방정식을 구하라.

풀이 문제의 식을 y = F(x)라 할 때 첫 번째 조건은 다음을 의미한다.

$$F'(x) = \frac{dy}{dx} = \frac{x}{2}$$

그 도함수가 $\frac{x}{2}$인 원시함수 F(x)는 아래와 같은 식이 될 것이다.

$$F(x) = \frac{1}{4}x^2 + C$$

두 번째 조건으로부터 C를 구할 수 있다.

$$F(2) = 4 = \frac{1}{4}\cdot 2^2 + C \qquad \therefore\ C = 3$$

따라서 구하고자 하는 식은 $y = \frac{1}{4}x^2 + 3$이 된다. 여기에서 C는 다른 값을 주면 그 접선들이 평행인 다른 곡선들을 얻게 될 것이다.

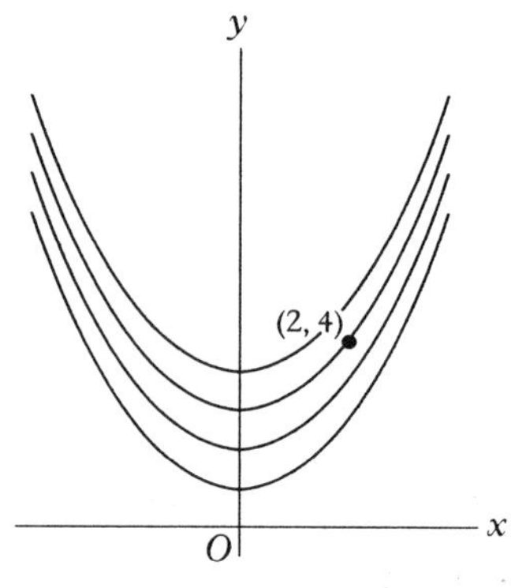

【예제 VI.2】 투사체를 수직방향으로 던지면 그 가속도가 10 m/sec^2 임이 실험적으로 밝혀진다. 지상 10 m 지점에서 초기속도 30 m/sec로 수직상방향으로 던져진 투사체의 t에서 높이와 순간 속도를 구하라.

풀이 정의에 의해 $a = \dfrac{dv}{dt} = -10$

이 식을 적분하면 $v = -10t + C$

t가 0일 때 v = C가 된다. 초기속도 C를 v_0이라고 하면,

$$v = -10t + v_0$$

h를 시간 t에서 투사체의 높이라 할 때

$$v = \frac{dh}{dt}$$

이를 적분하면

$$h = -5t^2 + v_0t + C$$

t = 0일 때 h = C이므로 C는 최초의 높이이고 이를 h_0라 하면,

$$h = -5t^2 + v_0t + h_0$$

주어진 조건을 대입하면,

$$h = -5t^2 + 30t + 10$$

순간속도 $v = -10t + 30$

행복의 열쇠 :

내가 원하는 걸 갖는 것이 아니라 내가 가진 것을 원하는 것!

3. 곡선 아래의 면적 구하기

$y = f(x)$라는 함수에 의해 정의된 곡선을 고려해보자. a와 b 사이의 곡선 아래의 면적은 $f(x)$와 $x = a$, $x = b$ 두 개의 수직선 그리고 x축으로 둘러싸인 MNCD의 면적을 의미한다.

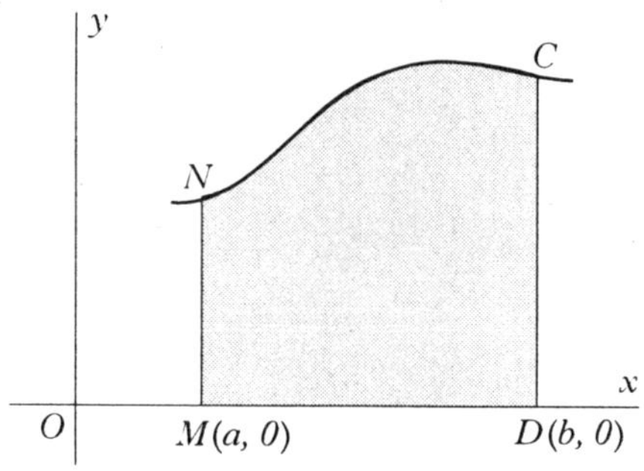

여기에서 구간 (a, b)를 $\triangle x$의 길이를 가진 n개의 구간으로 나누면 $n \cdot \triangle x = b-a$가 될 것이다. $y_1, y_2, \cdots, y_n$을 각 구간에서의 y의 값이라고 하면 전체의 면적 S는,

$$S = y_1\triangle x + y_2\triangle x + \cdots + y_n\triangle x$$

가 될 것이다. 이 방법을 구분구적법이라고 한다.

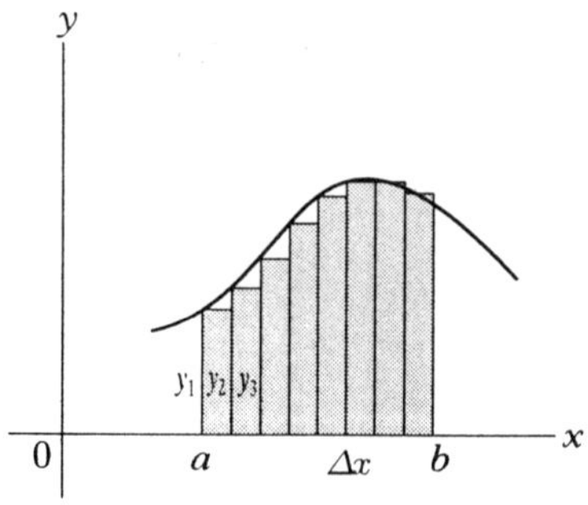

여기에서 $\triangle x$를 점점 작게 만들면, 즉 n을 증가시키면 S는 극한값으로서 면적 A가 될 것이다.

$$A = \lim_{\triangle x \to 0} (y_1\triangle x + y_2\triangle x + \cdots + y_n\triangle x)$$

이 극한값을 a와 b 사이에서 f(x)의 정적분이라고 한다.

$$\int_a^b f(x)dx = \lim_{\triangle x \to 0} (y_1\triangle x + y_2\triangle x + \cdots + y_n\triangle x)$$

여기에서 적분기호 $\int$는 S(sum)를 늘어뜨려 만든 기호이다.

아래에서 구간 (a, c)의 면적은 두 구간 (a, b)와 (b, c)의 면적의 합이 됨을 알 수 있겠다.

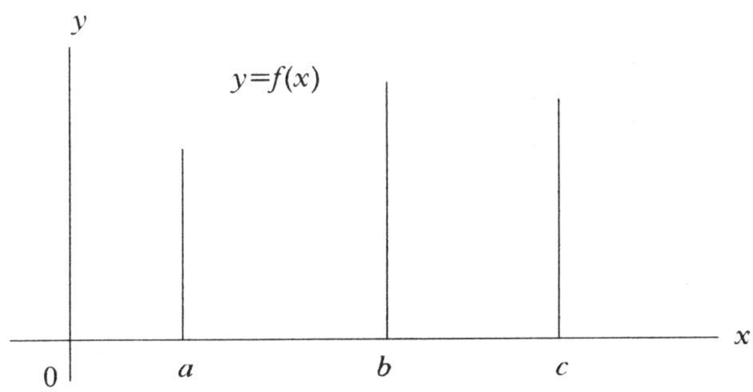

$$\int_a^b f(x)dx + \int_b^c f(xdx) = \int_a^c f(x)dx$$

또한 모든 연속함수에서 $a \leq \bar{x} \leq b$를 만족시키는 $\bar{x}$값이 있을 것이다.

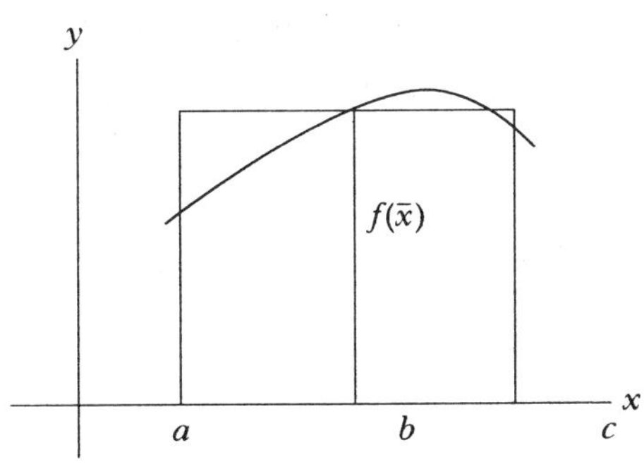

이 경우에, $\int_a^b f(x)dx = f(\bar{x})(b-a)$가 될 것이다. 이 식이 의미하는 것은, a에서 b까

지 곡선 아래의 면적은 높이 $f(\bar{x})$와 밑변(b-c)의 사각형의 면적과 같다는 것이다. a가 고정되었다고 가정하고 함수 F(t)를 다음과 같이 가정하자.

$$F(t) = \int_a^t f(x)dx$$

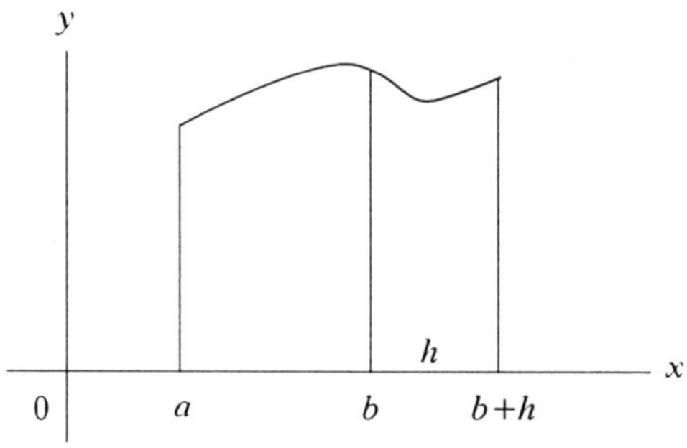

그림에서 다음 식이 성립함을 알 수 있다.

$$\begin{aligned} F(b+h) - F(b) &= \int_a^{b+h} f(x)dx - \int_a^b f(x)dx \\ &= \int_b^{b+h} f(x)dx \end{aligned}$$

$b \le \bar{x} \le b+h$와 같은 $\bar{x}$를 고려하면,

$$F(b+h) - F(b) = f(\bar{x})h$$

$$\text{즉} \quad \frac{F(b+h) - F(b)}{h} = f(\bar{x})$$

이때 $h \to 0$이면 좌변은 $F'(b)$로 우변은 $f(b)$로 수렴할 것이다.

따라서 $F'(b) = f(b)$

여기에서 b를 x로 대체하면,

$$F'(x) = f(x)$$

즉 F(x)는 f(x)의 원시함수 중 하나가 될 것이다.

이제 적분의 근본정리를 소개할 차례이다. G(x)가 f(x)의 임의의 원시함수이면 다음이 성립한다.

$$\int_a^b f(x)dx = G(b) - G(a)$$

증명 가정에 의해 $G'(x) = f(x)$

따라서 $F'(x) = G'(x)$

$F(x) - G(x) = C$

$F(x) = G(x) + C$

특히, $F(b) = G(b) + C$ ①

$F(a) = G(a) + C$ ②

그런데 $x = a$와 $x = a$ 사이에는 아무런 면적이 없으므로, $F(a) = \int_a^a f(x)dx = 0$

그래서 ②식에서 $0 = G(a) + C$, $C = -G(a)$

이를 ①에 대입하면, $F(b) = G(b) - G(a)$

그런데 $F(b) = \int_a^b f(x)dx$

【예제 VI.3】 $y = \frac{1}{4}x^2 + 1$과 구간 (1, 3)이 만드는 면적을 구하라.

풀이 구하고자 하는 면적은,

$$S = \int_1^3 (\frac{1}{4}x^2 + 1)dx$$
$$= \frac{x^3}{12} + x + C$$

그런데 함수 $G(x) = \frac{x^3}{12} + x$는 $y = \frac{1}{4}x^2 + 1$의 원시함수가 되므로 적분정리에 의해

$$\int_1^3 (\frac{1}{4}x^2 + 1)dx = G(3) - G(1) = \frac{25}{6}$$

6.3 미적분의 인식론적 양상

도함수란 곡선의 한 점에서 접선의 기울기를 말한다. 접선은 각각의 점에 따라 바뀌며, 이 접선의 기울기 역시 이 점에서 다른 점으로 이동하면서 바뀐다. 기하학적 점은 면적이 없으므로 각 곡선에는 무수한 접선이 있고 접선의 기울기에 대해서는 무수한 값이 있다.

만일 곡선이 연속함수라면, 곡선의 각 점들에 대한 접선의 기울기의 값들도 하나의 함수이다.

곡선의 한 점에 대한 접선의 기울기는 이 점에서 곡선에 대응하는 함수의 미분 계수이며, 접선들의 모든 기울기의 값들을 연결하면 바로 이 함수의 도함수가 되는 것이다.

Newton과 Leibniz 덕분에 해석학은 대수학과 기하학에 이어 수학에서 세 번째로 중요한 분야가 되었다. 그러나 이들에게는 형이상학적인 차이가 있다. Leibniz는 그의 미분법을 이상적이고 허구적인 실체인 '무한소'의 존재에 근거를 두었다. 당시에 이 개념은 엄밀하게 정의되지 못했고 신비롭기까지해서 많은 학자들의 조롱의 대상이 될 정도였다. Newton은 무한소와 같은 양(量)은 자연에서 발견되지 않으며 그런 존재는 필요없다고 생각했다. 그러나 뉴턴과 라이프니츠의 관점을 화해시키는 것은 어렵지 않을데, 문제는 하나의 변수(독립변수)와 하나의 함수(의존변수)의 증분(increment)을 정확하게 정의하는 데에 있다.

Newton에게 있어서나 Leibniz에게 있어서 미분을 정당화하는 것은 극한으로 갈 적에 몫(quotert) 또는 비율의 보존 원리였다.

h가 임의의 실수일 때,

$$\frac{\Delta y}{\Delta x} = \frac{f(x+h)-f(x)}{h}$$

이 관계는 곡선 y=f(x)의 두 점 $P_1 = (x, f(x))$와 $P_2 = ((x+h), f(x+h))$을 잇는 현으로써 나타난다.

미분을 검토하는 원리는 $\frac{\Delta y}{\Delta x}$라는 관계가 극한으로 갈 적에 즉 $\Delta x \to 0$일 적에 보

존된다는 것이다. 이것은 기하학적으로는 현의 두 점을 무한정 접근시키는 것에 해당한다. 그래서

$$dx = \lim_{\triangle x \to 0} \triangle x$$

$$dy = \lim_{\triangle x \to 0} \triangle y$$

이처럼 dy와 dx는 $\triangle y$와 $\triangle x$라는 유한량의 극한임을 알 수 있다.

$$\frac{dy}{dx} = \lim_{\triangle x \to 0} \frac{\triangle y}{\triangle x}$$

뉴턴과 라이프니츠 사이에는 기호법에 차이가 있었다. 라이프니츠는 미분기로 d를 변수와 함수에 적용되는 연산자로 취급했다. 즉, dx는 변수 x에 대해 무한소를 나타내고, x+dx는 변수 x에 대한 무한히 작은 증분(增分)을 나타낸다. df=f(x+dx)-f(x)로서, 이는 점 x에서 함수 f의 아주 작은 변화를 나타낸다.

뉴턴에게 있어서 물리학에는 하나의 독립 변수만 있는데, 그것은 바로 시간 t이다. 나머지 모든 변수들(x, y, z, …)은 시간의 함수이다. 이들은 변량(fluent)이라고 불렸다. 왜냐하면 그들의 값은 시간에 따라 변하기 때문이다.

그는 무한히 작은 시간을 0으로 나타내는데 라이프니츠의 dt에 해당하는 기호이다. x, y 등 변량의 시간에 대한 미분 계수를 유율(fluxion) 또는 변량의 속도라 부르고 $\dot{x}$, $\dot{y}$ 등으로 표기한다.

미분의 형식적 속성은 뉴턴이나 라이프니츠나 마찬가지이다. 표기법을 통일하기 위해 이제부터 미분 연산자를 D라고 하면, 함수 f에 적용하면 D(f)가 된다. D의 속성은 바로 미분의 원리가 된다.

- a가 상수이면, D(a)=0
- D(f+g) = D(f) + D(g)
- D(f·g) = D(f)·g + f·D(g)

이로부터 $g(x) \neq 0$이면

$$- D(\frac{f}{g})_x = \frac{D(f) \cdot g(x) + f(x) \cdot D(g)}{g(x)^2}$$

$$- D(f \circ g) = D(g) f(x) \cdot D(f)$$

미분 연산자는 반복해서 적용할 수 있다. 2차 미분의 표기법은 학자에 따라 다르다.

$$\text{Leibniz} : \frac{d}{dt} \circ \frac{d}{dt}(f) = \frac{d^2(f)}{(dt)^2}$$

$$\text{Newton} : \ddot{f}$$

$$\text{Lagrange} : f''$$

미분은 물리학적 개념을 일반화하는 기하학적 해석을 지닌다. 하나의 함수 f(t)가 시간에 따른 질점의 운동을 나타낸다면 곡선의 한 점에서 일차 미분은 이 점에서 동체의 순간속도이다. 우리는 이미 평균속도에 대해 알고 있다.

$$\frac{f(t_2) - f(t_1)}{t_2 - t_1} = \frac{\triangle f}{\triangle t}$$

순간 속도는 $\triangle t \rightarrow 0$으로 갈 때의 속도를 의미한다.

$$\lim_{\triangle e \rightarrow 0} \frac{\triangle f}{\triangle t} = \frac{df}{dt}$$

다시 한 번, 좌변의 물리적 의미는 우변으로 가면서 대수적 의미로 바뀐다. 이 변화가 중요한 이유는 대수의 단계에 이르러서 우리는 비로소 연산을 할 수 있기 때문이다. 이 점에서 2차 미분은 속도의 변화 즉 이점에서 동체의 가속도를 나타낸다. 자연에서 신비스러운 점은 고전역학에서 자연법칙은 2차 미분방정식으로 나타낼 수 있다는 것이다. 가령 뉴턴의 두 번째 운동법칙은 (f = ma)에서 힘은 물체의 질량에 가속도를 곱한 것인데, 가속도는 바로 속도를 미분한 것으로서 거리를 두 번 미분한 것이다.

미분의 중요한 응용 중 하나는 어떤 조건하에서 극대 혹은 극소가 되는가를 알아내는 것이다. 변량이 연속적으로 변할 때, 어떤 값은 바로 그 직전의 값과 직후의 값보다 작은 경우가 있는데 이런 값을 극소(minimun)이라하고, 반대로 직전의 값이나 직후의 값보다 큰 경우에는 극대(maximun)라 한다. 임금을 최저로 하는 조건을 찾는다든가, 공학적인 효율을 극대화할 수 있는 조건을 찾아내는 일은 매우 중요하다. 이런 경우 f(x)가 0이 된다는 것은 직관적으로 이해할 수 있겠다.

말 잘하는 첫 번째 기술 : 경청,
남의 말에 귀 기울일 줄 아는 것.
대개 사람들은 상대방의 말을 건성으로 듣고
자기가 할 말을 골똘하게 생각한다.

VII

그래프 이론 첫걸음

1. 그래프 이론의 기본원리

1.1 정의

무향그래프(undirected graph) G는 정점(vertices) V와 간선(edges) E로 이루어진 집합으로서, 각각의 간선 $e \in E$는 정점들의 쌍(pair)이다. 유향그래프(digraph) G는 역시 정점과 간선으로 이루어진 집합인데 각각의 간선 $e \in E$는 정점들의 순서쌍(ordered pair)이다. 앞으로 그래프는 $G = (V, E)$로 나타낼 것이다.

두 개의 정점은 그것들을 연결시키는 간선이 있을 때 인접(adjacent)해 있다고 한다. 동일한 정점에 연결된 두 개의 간선은 평행간선(parallel edge)이라고 부른다. 단 하나의 정점에 부수하는 간선을 고리(loop)라고 한다. 어떤 간선에도 부수하지 않는 정점을 고립된(isolated) 정점이라 한다. 고리나 평행간선이 없는 그래프를 단순(simple) 그래프라 한다.

사자(死者)는 세계의 구성원이다.
아니 사자가 세계를 지배한다.

【예제 VII.1】 다음과 같은 그래프 G를 보자.

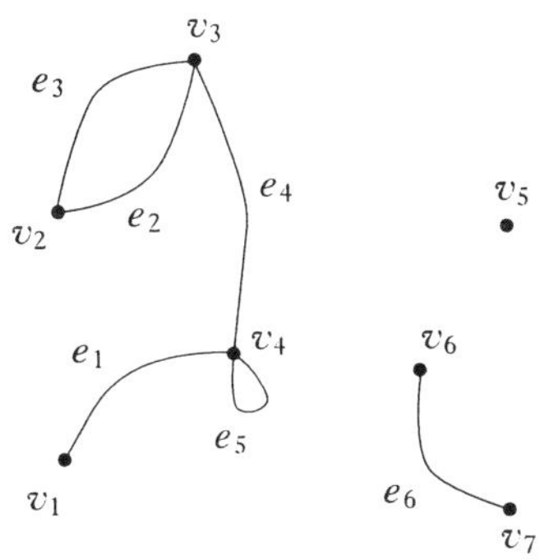

여기에서 우리는 여러 가지 사실을 알 수 있다.

① $E = \{e_1, e_2, e_3, e_4, e_5, e_6\}$
$V = \{v_1, v_2, v_3, v_4, v_5, v_6, v_7\}$
② 고립된 정점은 v_5
③ 유일한 고리는 e_5
④ 평행간선은 $\{e_2, e_3\}$
⑤ v_3에 인접한 정점은 $\{v_2, v_4\}$
⑥ v_4에 부수하는 간선은 $\{e_1, e_4, e_5\}$

n개의 정점이 있는 완전한 그래프(complete graph)는 K_n으로 표시하는데 상이한 정점들의 각각의 쌍에 정확하게 하나의 간선만 지니는 단순 그래프를 말한다. 예를 들어 K_2, K_3, K_4, K_5는 다음과 같다.

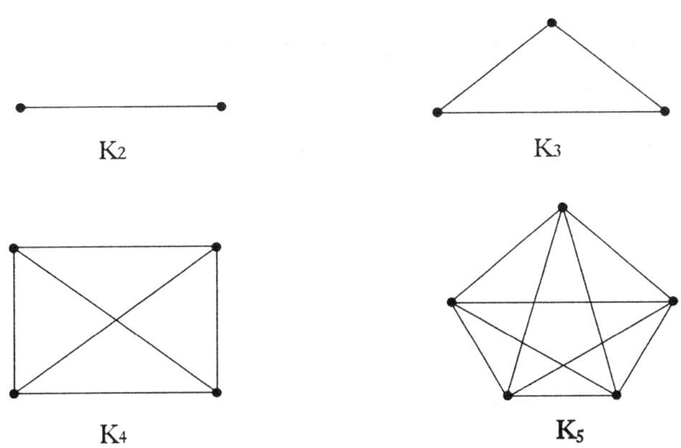

정점들이 두 개의 서로 소인 집합(disjoint sets) V_1과 V_2로 분할될 수 있고 모든 간선이 V_1의 한 정점과 V_2의 한 정점을 연결하는 그래프를 이분할 그래프(bipartite graph)라고 한다.

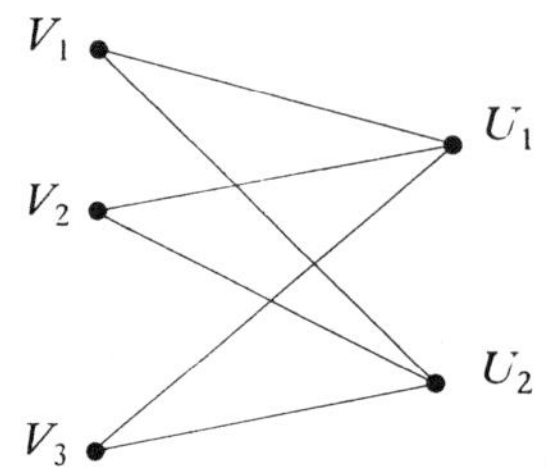

정점들의 집합이 두 개의 서로 소인 부분집합 m과 n으로 분할되고 두 정점 사이의 간선에서 하나의 정점은 첫 번째 집합에, 다른 정점은 두 번째 집합에 있는 그래프를 완전 이분할 그래프(complete bipartite graph)라 한다. 아래의 K2, 3와 K3, 3을 예시한다.

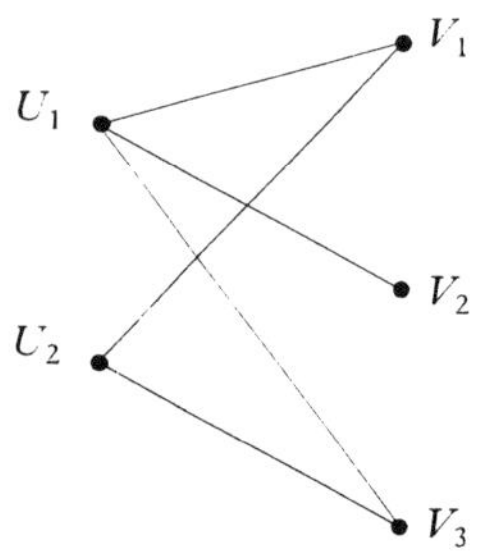

$K_{2,3}$

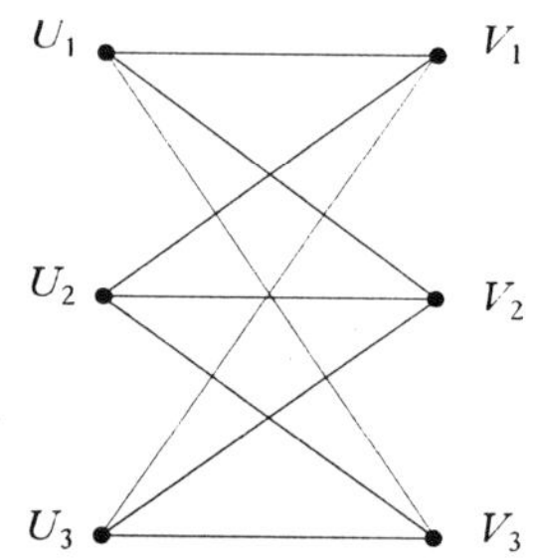

$K_{3,3}$

1.2 사슬(chain)과 무향회로(circuit)

사슬 Pn은 각 정점들이 선행하는 정점과 후속되는 정점에 인접되도록 일렬로 정렬된 그래프이다. 첫 번째와 마지막 정점은 후속하는 또는 선행하는 하나의 이웃정점을 가질 뿐이다.

무향회로 Cn은 사슬의 시작하는 정점과 끝나는 정점이 동일한 경우이다. 다음은 P_7과 C_{12}이다.

다음과 같은 회로가 있다고 하자.

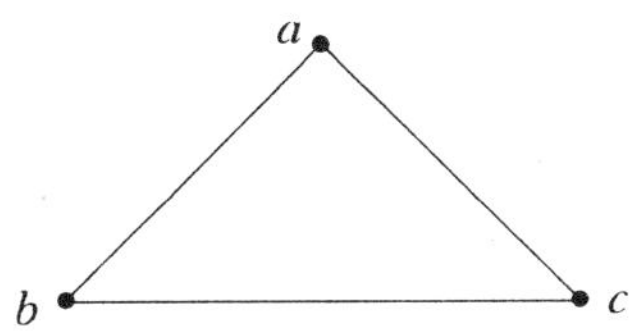

이 회로는 (a, b, c, a), (b, c, a, b), (c, a, b, c), (a, c, b, a), (c, b, a, c), (b, a, c, b)로 표기할 수 있다. 이것이 '무향'의 의미이다.

아래에서 왼쪽 그래프의 굵은 간선들은 f와 d를 연결하는 사슬을 형성하지만 오른쪽 그래프는 그렇지 못하다. e의 차수(degree)가 3이기 때문이다.

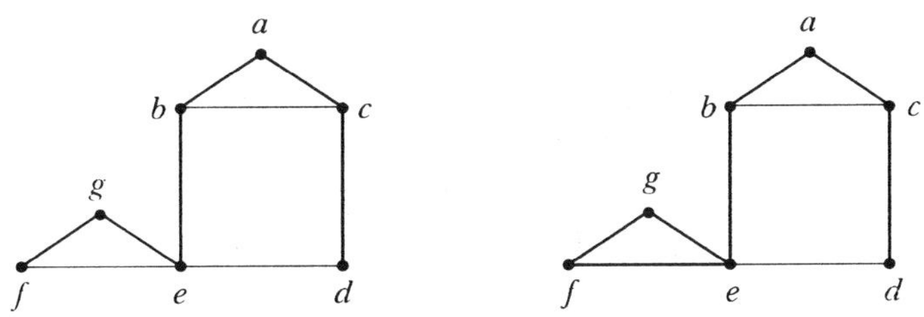

사슬은 어떤 그래프에서 찾는지에 따라 상황이 달라지기 때문에 "a와 f는 사슬에 의해 연결된다."와 같은 명제는 주의를 요한다.

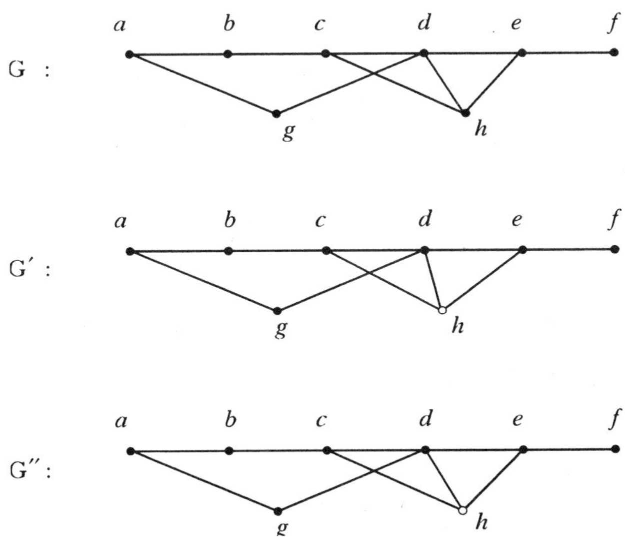

G에서는 여러 개의 사슬이 a와 f를 연결한다. G에서 c와 h를 제거한 G′에서는 오직 하나의 사슬만이 a와 f를 연결한다. G에서 d와 h를 제거한 G″에서는 a와 f를 연결하는 사슬은 없다.

아래에서 왼쪽 그래프의 굵은 간선들은 무향회로를 형성하지만 오른쪽 그래프에서는 그렇지 못하다. 차수가 4인 정점이 있기 때문이다.

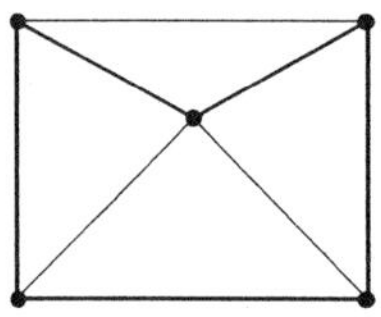

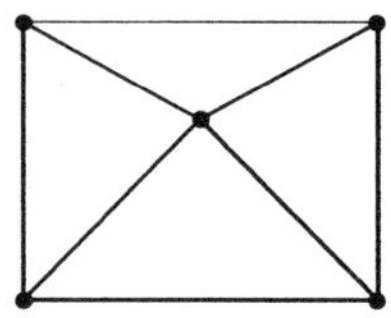

다음은 이분할 그래프에서 무향회로를 굵게 표시한 것이다.

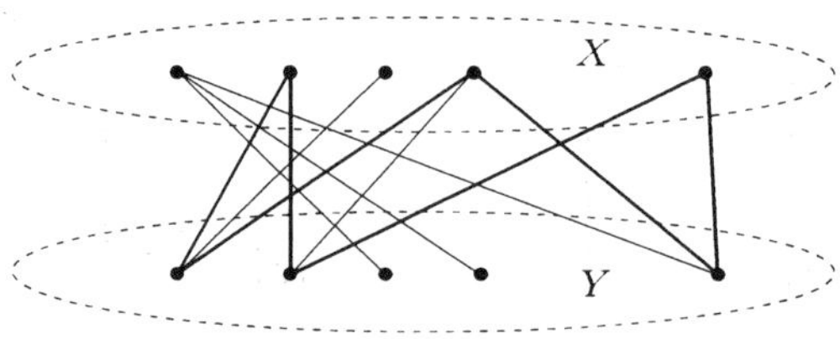

두 정점을 연결하는 상이한 두 개의 사슬 (a, b, c, d, e, f, g, h, i, j)와 (a, b, h, f, e, i, j)이 존재하는 다음과 같은 그래프에서 무향회로는 몇 개가 될까?

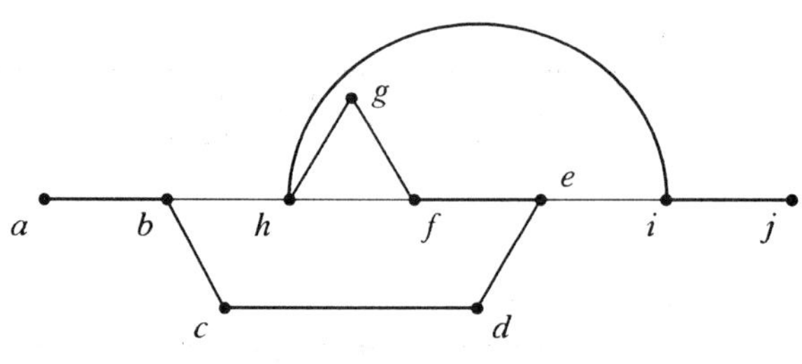

첫 눈에 보아 여기에 6개의 회로가 숨어 있다는 것을 파악하기는 쉽지 않다. 정신체조 삼아 각자 찾아보기로 하자.10)

10) 이 회로들은 다음과 같다.
(b, c, d, e, f, g, h, b), (b, c, d, e, f, h, b), (b, c, d, e, i, h, b)
(e, f, g, h, i, e), (e, f, h, i, e), (f, g, h, f)

1.3 연결된 그래프(connected graph)

하나의 그래프 G가 연결되었다는 것은 그 정점들의 모든 쌍 {x, y}에 대해 x와 y를 연결하는 사슬이 존재한다는 뜻이다.

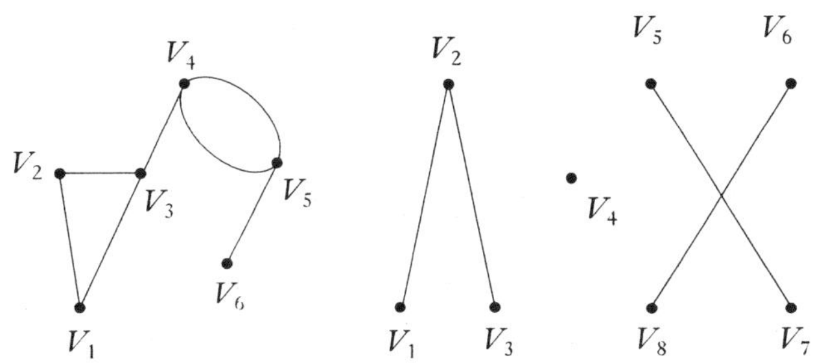

여기에서 왼편 그래프는 연결된 그래프이고 오른편은 연결되지 않은 그래프이다. V_1과 V_4는 연결되어 있지 않다.

연결성의 개념은 그래프 이론을 사회현상에 적용하는데 중요한 역할을 한다. 이 개념은 그룹이나 단체의 응집성 즉 관계의 밀도를 나타낸다.

연결성을 특징짓는 또 다른 방법은 정점들의 집합 X의 외부이웃(exterior neighborhood)이라는 개념이다.

아래 그래프에서 X = {a, b, d}일 때, X의 외부이웃은 {c, k, e}가 된다.

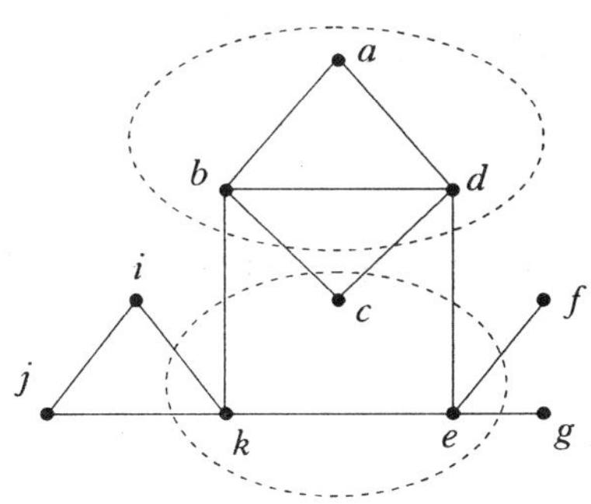

그래프가 연결된 경우, 몇몇 정점이나 간선들을 제거한 후에도 여전히 연결된 부분그래프가 무엇인지 또는 그래프를 분리시키기 위해 어떤 정점이나 간선을 제거해야 할 것인지의 문제가 생긴다. 어떤 정점을 제거했을 때 그래프가 분리될 경우, 이런 정점을 분절점(articulation point)이라고 한다.

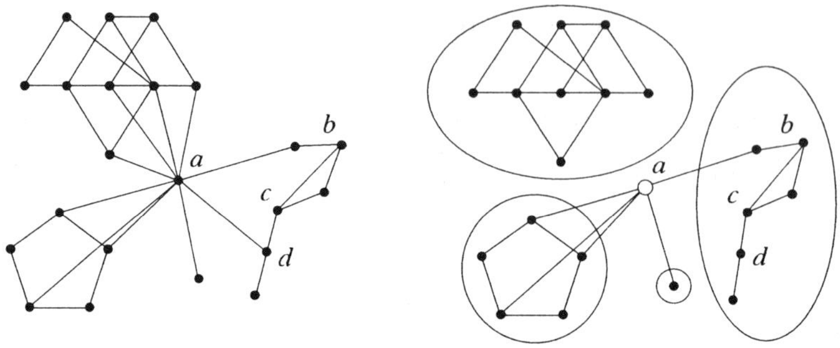

위 왼편의 그래프에서 유일한 분절점은 a와 d이다. 정점 a의 제거는 그래프를 4개의 연결된 부분으로 분해하고 d의 제거는 2개의 연결된 부분으로 분해한다. G에서 a를 뺀 그래프의 네 구성요소 중 하나만이 분절점 b, c, d를 갖는다. b와 c는 G의 분절점이 아니었음을 유념해야 할 것이다.

1.4 오일러(Euler)와 해밀턴(Hamilton)그래프

그래프의 모든 간선을 정확히 한번만 지나가는 사슬을 오일러 사슬이라 하고, 닫힌 사슬 즉 출발점과 도착점이 일치하면 오일러 회로라고 한다.

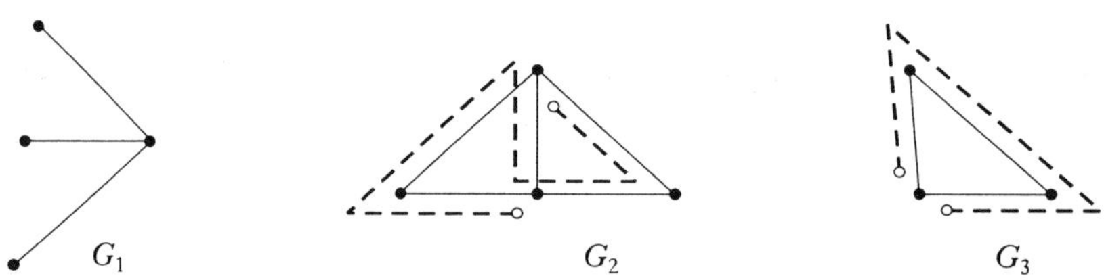

G_1에는 오일러 사슬이 없고 G_2는 오일러 사슬이다. 그리고 G_3는 오일러 회로이다.

> [정리 VII.1] **오일러 정리(1759)**: G가 연결된 그래프라 하자. 이때 G의 모든 정점들이 짝수 차수를 갖으면 G는 오일러 그래프이고 그 역도 성립한다.

그래프 G의 모든 정점을 정확히 한번만 통과하는 사슬을 해밀턴 사슬이라 하고, 닫힌 해밀턴 사슬을 해밀턴 회로라고 한다. 해밀턴 회로를 갖는 그래프를 해밀턴 그래프라 한다.

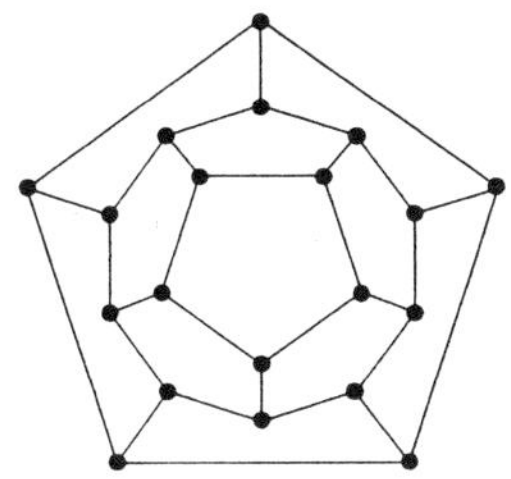

아래 해밀턴 그래프에서 중앙의 정점을 제거하면 그래프가 분리되므로 더 이상 해밀턴 그래프가 아니다.

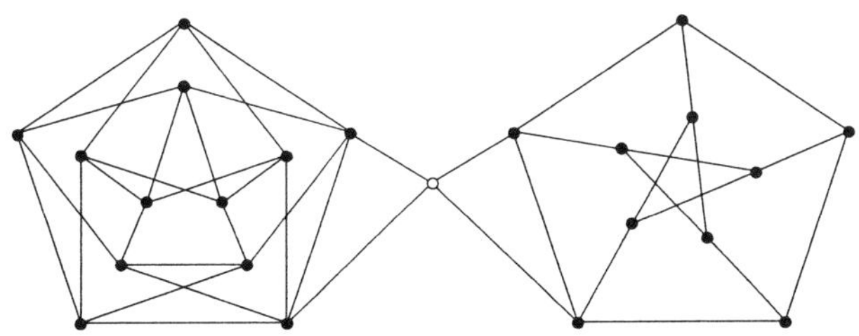

만사는 흑과 백으로 뚜렷이 구분되지 않으며 대개 회색을 띠고 있다.
그것이 인간사의 어려운 점이다.
진실은 양극단에 있지 않고 그 사이 어딘가에 있다.

2. 유향 그래프(digraph)

교통망은 사람, 물자, 정보의 순환을 가능하게 해준다. 그래프 이론은 이런 이동의 가능성을 고려해야 한다.

2.1 호(arc) / 변(edge)

화살표가 있는, 즉 출발점과 도착점이 있는 간선을 호(arc)라고 한다. 변(edge)은 방향은 무시하고 두 정점 사이의 모든 이동가능성을 나타낸다.

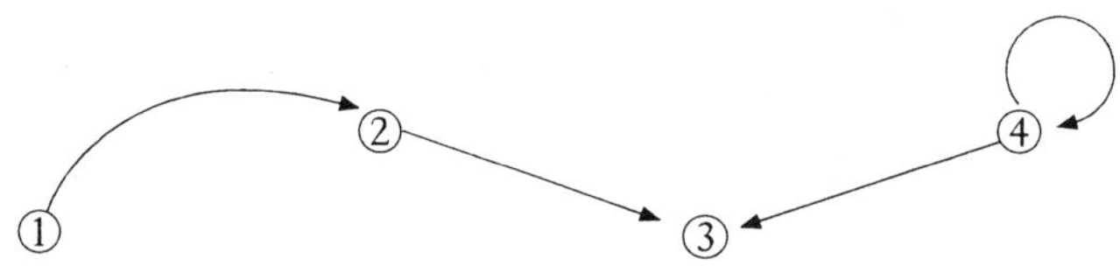

이 그래프는 5개의 호 {(1, 2), (2, 1), (2, 3), (4, 3), (4, 4)}와 3개의 간선 {(1, 2), (2, 3), (3, 4)}를 가지고 있다.

2.2 경로(path) / 사슬(chain)

동일한 방향으로 가는 호들의 연쇄를 경로(path)라고 한다. 경로 설정은 물자의 이동과 접근 가능성에 있어서 중요하다.

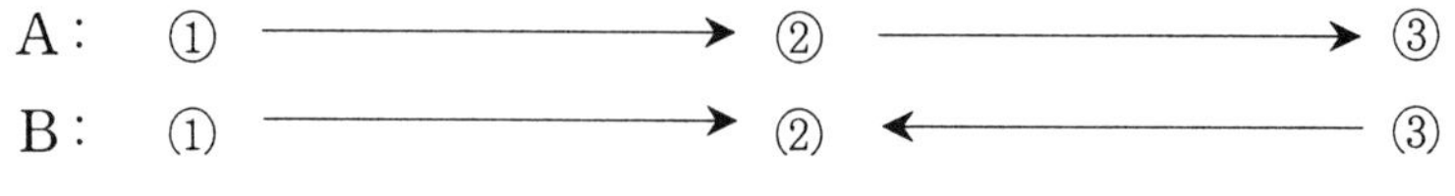

그래프 A에서는 1과 3 사이의 경로가 있지만, 그래프 B에서는 1과 3을 연결하는 경로가 없다. 이때 ①-②-③을 사슬(chain)이라 한다.

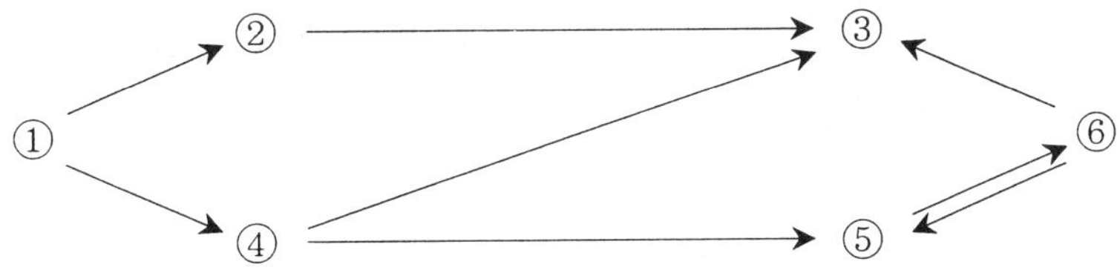

이 그래프에서 1-4-5-6은 하나의 경로이고, 1-2-3-6은 하나의 사슬을 형성한다.

2.3 회로(cycle) / 무향회로(circuit)

회로는 유한하고 닫힌 경로로서 마지막 호의 도착점이 첫 번째 호의 출발점과 일치한다. 그것은 모든 호가 동일한 방향으로 가는 경로이다. 무향회로(circuit)란 시작점과 도착점은 일치하나 방향에 관계없는 사슬이다.

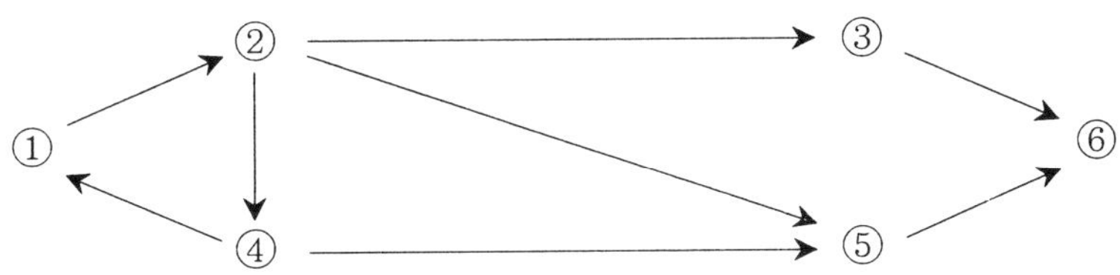

이 그래프에서 {1, 2, 3, 6, 5, 4, 1}은 한바퀴이고, {(1, 2), (2, 4), (4, 1)}은 한바퀴이면서 회로이다. 물자수송에서 싸이클은 중요하다. 모든 분배체계는 하나의 방향으로 가능한 한 보다 넓은 지역을 카바하기 위해 이 개념을 활용하기 때문이다.

하나의 정점이 어떤 호의 출발점일 때 이를 외차수(out-degree)라 하고 $d^+(x)$로 표기한다. 반대의 경우를 내차수(in-degree)라 하고 $d^-(x)$로 표기한다.

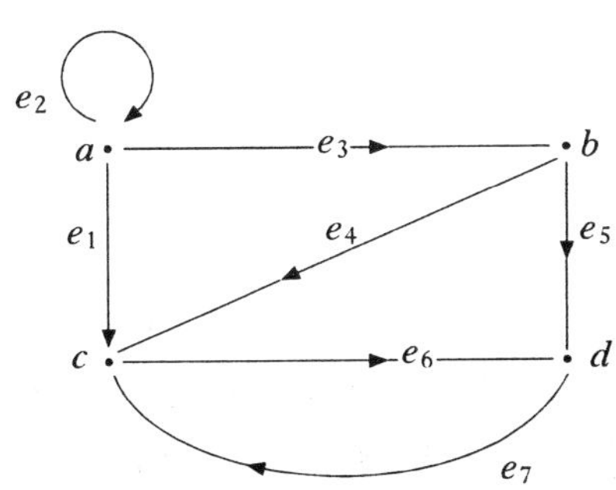

이 그래프에서 $d^{+}(c) = 1$, $d^{+}(a) = 2$, $d^{+}(b) = 2$이고 $d^{-}(d) = 2$, $d^{-}(c) = 2$, $d^{-}(a) = 2$가 된다. 그리고 $d(x) = d^{+}(x) + d^{-}(x)$가 된다.

> [정리 VII.2] 임의의 그래프 $G = (V, E)$에 대해
>
> $$2\,|E| = \sum_{x \in V} d(x)$$

증명 $V = \{v_1, v_2, \cdots, v_n\}$ 그리고 $|E| = m$으로 가정하자. $e \in E$라 할 때, 만일 e가 고리(loop)라면 그래프의 전체차수에 2를 더해준다. e가 고리가 아닌 경우 v_i와 v_j를 e의 양끝 정점이라 하자. 그러면 e는 v_i의 차수에 1을 주고 역시 v_j의 차수에 1을 준다. 따라서 e는 G의 전체차수에 2를 준다. e는 임의로 선정된 정점이므로 G의 각 간선이 G의 전체 차수에 2를 준다고 말할 수 있다.

주의와 주장을 내세우지 말라.
깨달음의 관점에서 볼 때 판단이나 분별은 무지의 소산이기 때문이다.
설사 작은 깨우침이 있다 할지라도 어떤 운동을 전개해서는 안된다. 전체를 보는 안목이 없이는 그것은 결국 편견이 되기 때문이다. 편견으로부터 자기 뜻을 따르지 않는 사람을 원수처럼 여기는 일은 불문가지.
우리 사회의 문제는 부분적인 진실을 절대적 진리로 보는 강박관념에 있다.

3. 수형도(Tree)

무향그래프에서 정점들의 각각의 쌍이 정확하게 하나의 경로만 갖는 그래프를 나무(tree)라고 한다. 따라서 나무에는 평행하는 간선이나 고리가 없다.

[정리 VII.3] n개의 정점을 가진 나무는 정확하게 (n-1)개의 간선을 갖는다.

증명 $n \geq 1$에 대한 수학적 귀납법으로 증명한다. P(n)을 "n개의 정점을 가진 나무는 (n-1)개의 간선을 갖는다."라는 속성으로 보자.
P(1)은 즉각 타당하다.
이제 P(n)이 $n \geq 1$에 대해 성립한다고 하자. 우리는 (n+1)개의 정점을 가진 나무가 n개의 간선을 갖는다는 것을 보여야 한다. ■

【예제 VII.2】 다음 중 어떤 그래프가 나무인가?

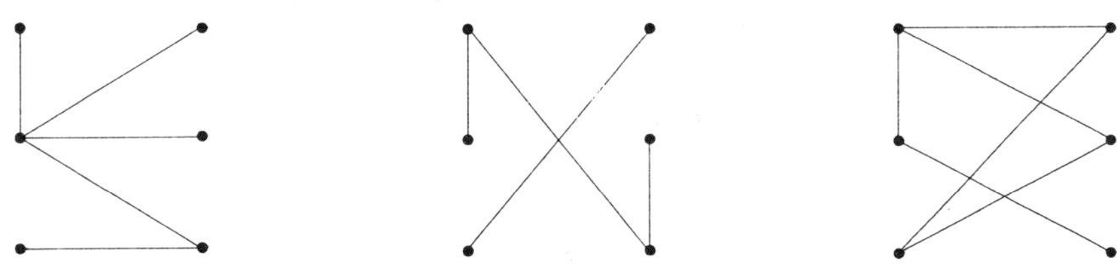

풀이 첫 번째 그래프만 나무의 정의를 만족시키고 나머지는 정의를 위배하므로 나무가 아니다.

뿌리가 있는 나무(rooted tree)란 하나의 특정한 정점이 뿌리(root)로 지정된 나무를 말한다.

나무(tree)는 하나의 정점을 뿌리로 선정해서 뿌리가 있는 나무로 변환할 수 있다.

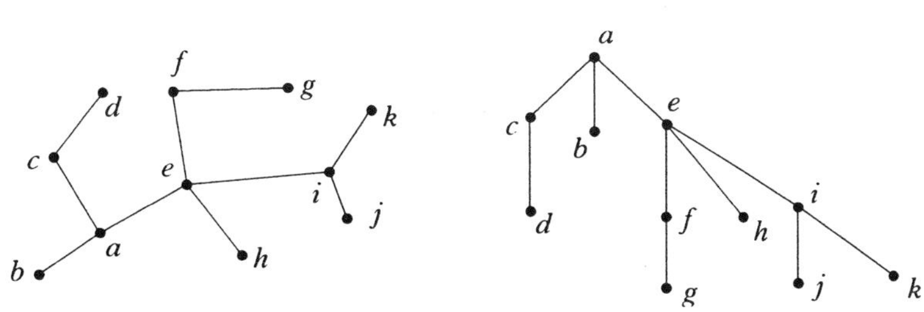

정점 V의 수준(level of a vertex)은 뿌리에서 V까지 단순경로의 길이를 뜻한다.

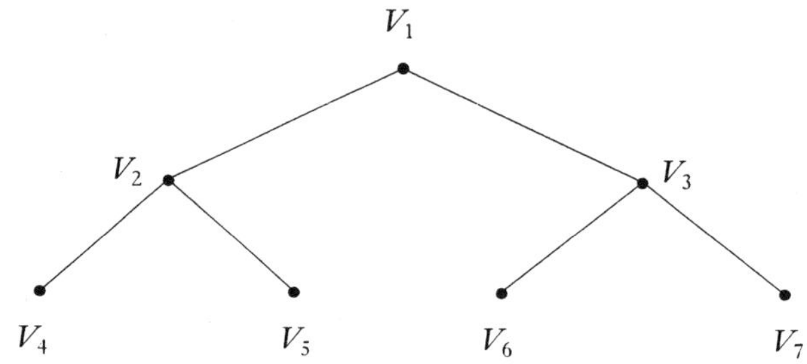

이 나무에서 V_2와 V_3의 수준은 1이고 V_4, V_5, V_6, V_7의 수준은 모두 2가 된다.

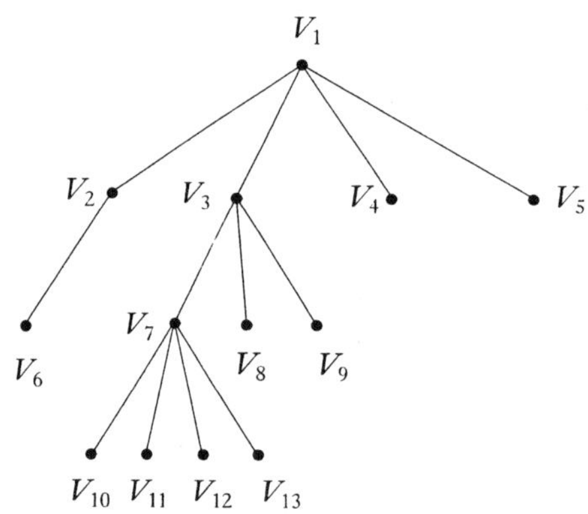

수형도에서는 보통 친족의 용어를 도입하는 것이 관례이다. 위 수형도에서 V_6의 부모(parent)는 V_2이다. V_{13}의 조상(ancestors)은 $\{V_1, V_3, V_7\}$가 된다. V_3의 자녀는 $\{V_7, V_8, V_9\}$가 된다. 같은 수준에 있는 정점들을 자매(siblings)라 하며 $\{V_2, V_3, V_4, V_5\}$는 자매가 된다. 자녀가 없는 정점을 잎(leaf)이라 하면 위 나무에서 잎은 $\{V_4, V_5, V_6, V_8, V_9, V_{10}, V_{11}, V_{12}, V_{13}\}$이 된다.

각 정점이 기껏해야 두 자녀를 갖는 나무를 이항나무(binary tree)라고 한다.

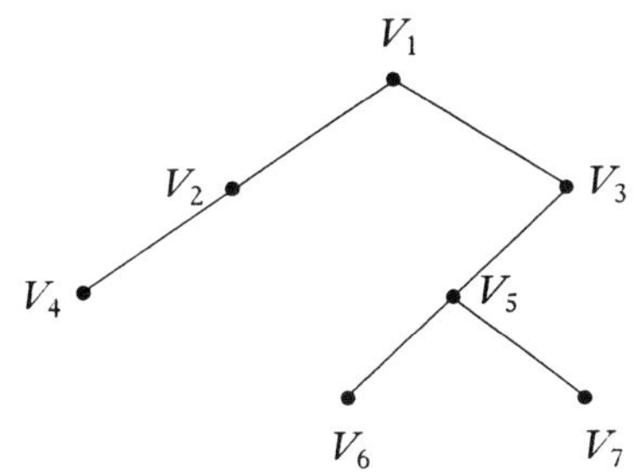

완전 이항나무(full binary tree)는 각 정점이 전혀 자녀를 갖지 않거나 두 자녀만을 갖는 나무이다.

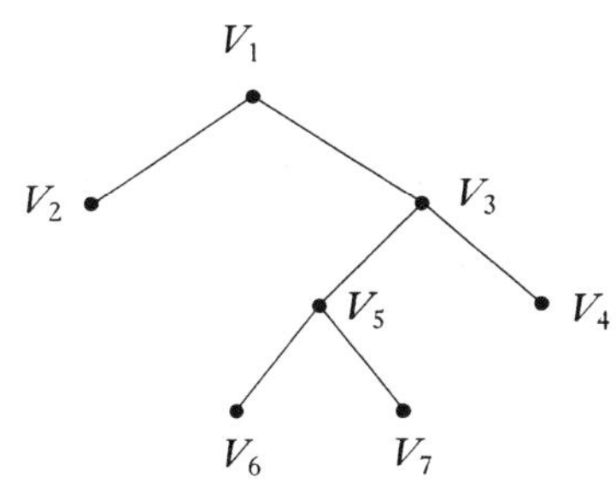

나무구조는 특히 영어문장의 구조를 표상하는데 아주 유용하다.

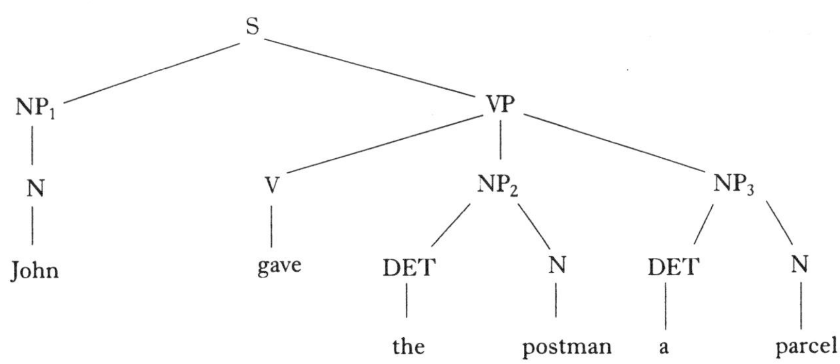

위에서 살펴본 나무의 속성을 알아보기 위해 수형도를 일반화하자. 그리고 x, y, z를 임의의 두 정점이라고 하자.

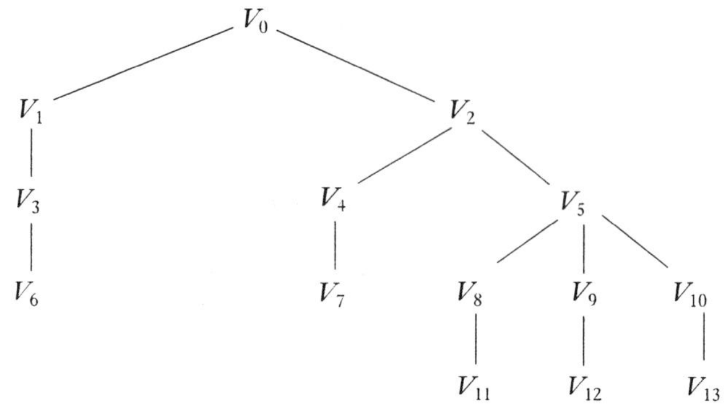

여기에는 중요한 두 가지 관계가 있다.

① 선행관계(precedence)

$P = \{(V_1, V_2), (V_1, V_4), \cdots, (V_{12}, V_{10}), (V_{12}, V_{13})\}$ 정점 x가 정점 y를 선행할 때 $(x, y) \in P$ 또는 Pxy로 나타낸다.

② 관할관계(domination)

$D = \{(V_0, V_0), (V_0, V_1), \cdots, (V_{12}, V_{12}), (V_{13}, V_{13})\}$ 정점 x가 정점 y를 관할할 때 $(x, y) \in D$ 또는 Dxy로 나타낸다.

이 두 가지 속성은 영어의 통사론에서 아주 중요한 두 규칙, 즉 문장을 형성하는데 따르는 제약으로 작용한다.

> 자기 마음의 움직임을 읽을 줄 모르는 사람은
> 반드시 불행에 빠지게 된다.
> – 아우렐리우스 –

4. 오토마타의 구조와 작동원리

오토마타는 계산을 위시하여 여러 가지 작업을 수행할 수 있게 해주는 이상적인 기계를 말한다. 이 기계는 수학적 대상이지 물리적 대상이 아니다. 즉 우리가 이 기계들에 대해 정의할 수는 있지만 반드시 만들 수 있는 것은 아니다. 오토마타는 받아들이는 입력(input)과 만들어내는 출력(output)에 의해 계산을 수행한다. 입력 요소와 출력 요소들의 관계는 오토마타의 구조에 의해 결정된다.

만일 출력이 전적으로 입력에 의해 정해진다면 우리는 비확률적인 오토마타와 상관하는 것이고, 반대로 동일한 입력으로부터 다양한 출력을 생성한다면 확률적인 오토마타 관계하는 것이다.

입력과 출력의 집합은 연속량 혹은 이산량일 수 있다. 그러나 문법이론과 관련된 모든 오토마타는 필연적으로 이산적인데, 이는 언어의 단위들이 이산적이기 때문이다.

오토마타를 묘사하는데 상태의 개념은 매우 중요하다. 일련의 입력들이 매순간 오토마타의 상태를 결정하고, 이 상태는 이번에는 가능한 출력을 결정한다. 그래서 오토마타의 구조는 일련의 상태들로 나타낼 수 있으며, 입력이 주어지면 하나의 상태에서 다른 상태로의 전이가 이루어지는 것이다. 매순간 오토마타는 이때까지 받아들인 입력의 함수이므로, 거쳐온 상태들의 배열(configuration)을 오토마타의 기억으로 정의할 수 있겠다.

4.1 유한 상태 오토마타

이제부터 유한 상태를 지닌 가정 간단한 오토마타를 살펴보고자 한다. 이런 오토마타들의 능력은 기억 밴드를 추가하거나 이미 거쳐온 상태들을 확인하기 위해서 왕복할 수 있는 가능성을 부여하면 증가 될 수 있다.

오토마타에 의해 수행된 계산은 함수 f(x)의 계산처럼 소개될 수 있는데 여기에서 x는 입력이고 f(x)는 출력이 된다. 문장에서 일련의 단어를 읽고 이 열(sequence)이 "관형사+형용사+명사"라는 유형의 명사구인지를 결정해야 하는 오토마타를 생각해보자. "그 작은 소년이 이 빨간 사과를 먹었다."라는 문장을 한 단어씩 입력으로서 오토마타에 넣어보자.

오토마타는 이런 식으로 작동 할 것이다. 초기 상태(0)에서는 출력은 □일 터이고, 제 1 상태에서는 '관형사', 제 2상태에서는 '관형사 + 형용사' 그리고 제 3상태에서는

'관형사 + 형용사 + 명사'라는 범주들을 인식했으므로, 이 오토마타는 '관형사 + 형용사 + 명사'라는 열을 출력으로 산출하면서 정지할 것이다. 이럴 때 오토마타는 '관형사 + 형용사 + 명사' 유형의 명사구를 나타내는 것으로서 '그 작은 소년'이라는 열을 인식했다고 한다. '이 빨간 사과'의 경우도 마찬가지이다.

만일 위에서 주어진 문장이 '관형사'로 시작하지 않으면, 우리의 오토마타는 인식할 수 있는 단어가 없으므로 제로(0) 상태에서 멈출 것이다. 방금 우리가 소개한 오토마타를 수용기(accepter)라 한다. 이런 수용기들의 작동 방식은 최종 상태와 밀접하게 연결되어 있다. '명사'라는 기호 다음의 상태가 이런 오토마타의 최종상태이다. 최종 상태는 이중 원으로 표시된다.

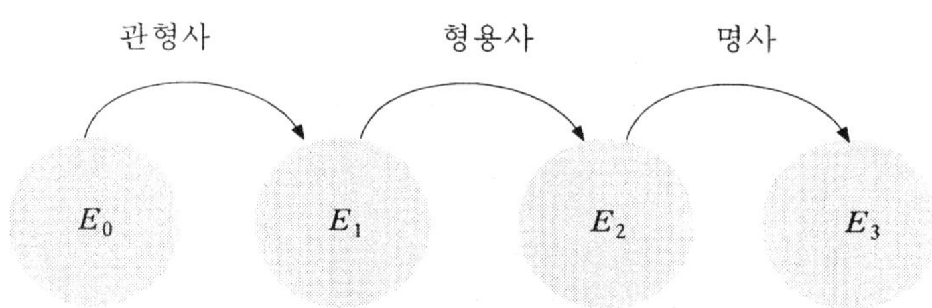

유한 상태 오토마타는 우리의 일상 생활에서 흔히 본다. 그 작동 원리가 정해진 상태들을 거치는 일련의 활동들을 나타내는 모든 기구는 오토마타이다. 비근한 예가 현금 인출기이다. 이런 기기의 초기 상태는 대개 환영의 인사로 되어 있다. 다음 상태로 가기 위해 신용카드를 삽입하면 인출기는 카드의 코드를 읽은 후 비밀 번호를 주문한다. 만일 번호가 틀리면 인출기는 최초상태로 돌아가고 맞으면 인출하고자 하는 금액을 요구한다. 원하는 금액을 입력하면, 인출기는 현금을 내어주고 나서 다시 초기 상태로 돌아간다.

현금 인출기의 작동은 그래프의 형태로 표현될 수 있다. 여기에서 마디는 인출기의 상태들을 나타내고 호(arc)는 사용자의 개입에 의해 야기된 변화나 인출기 자체의 프로그램의 개입(예컨대 초기상태로 되돌아가기)에 의해 야기된 전이를 나타낸다.

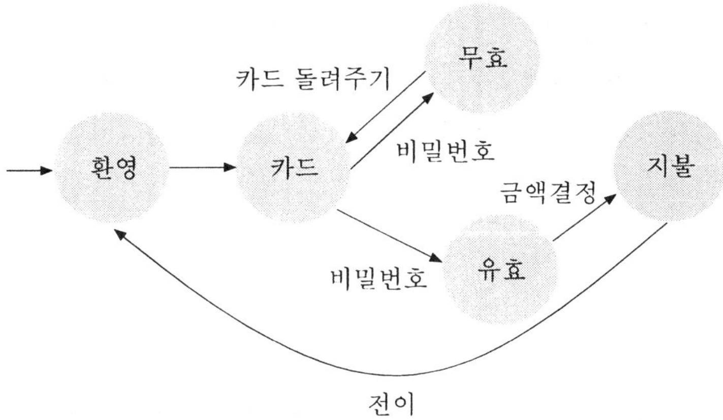

지하철의 회전문 역시 유한 상태 오토마타의 사례이다.

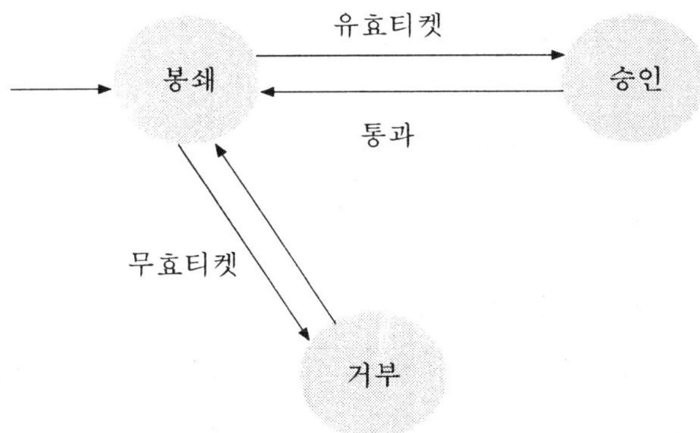

이제까지 예로 든 오토마타들은 최종 상태가 없다는 특징을 가지고 있다. 이런 오토마타는 상태들의 망을 통과하고 초기 상태로 돌아와서 이로부터 다시 시작하게 된다. 그러나 최종상태가 부여된 유한상태 오토마타가 있는데 세탁기가 바로 그 예이다.

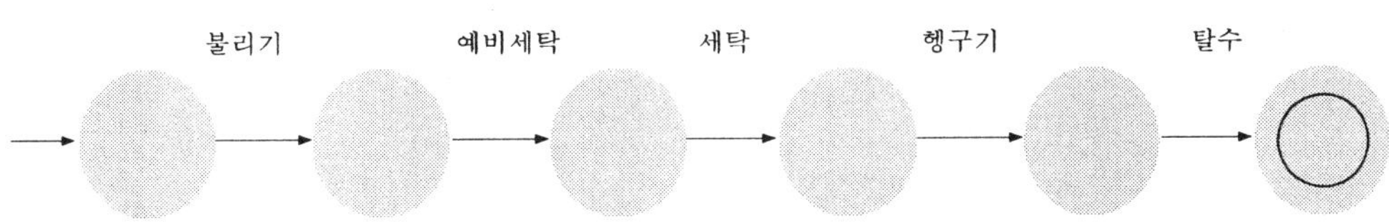

최종상태의 존재가 유한 상태 오토마타에서 필수적인 특징은 아니지만, 전이망에서 회귀(recursion)를 가능하게 해주는 반복실행명령과 더불어 사용되면 최종상태는 강력한 수단이 된다. 최종상태와 반복실행명령이 갖추어진 오토마타의 사례로는 CD 플레이어가 있다. 다음 그래프를 보자.

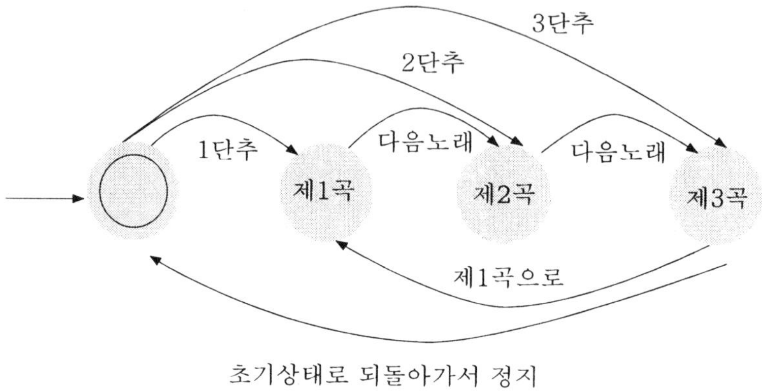

문장의 인식과 생성에서 최종상태와 반복실행명령을 갖춘 오토마타의 활용은 자연언어 회귀에서 어려운 문제를 해결해준다.

- 최종상태는 오토마타를 유한하게 만들어서 자연언어의 문장처리에 적합하다. 문장들은 임의의 수의 상태를 갖는 그래프로 볼 수 있으며 여기에서 마지막 상태가 문장의 끝을 정한다. 그래서 구두점을 고려한다면 그래프에서 마침표(.)를 도입하는 전이가 최종상태로의 이행을 가리킬 것이다.
- 반복시행명령은 복잡한 오토마타를 간편하게 해준다.

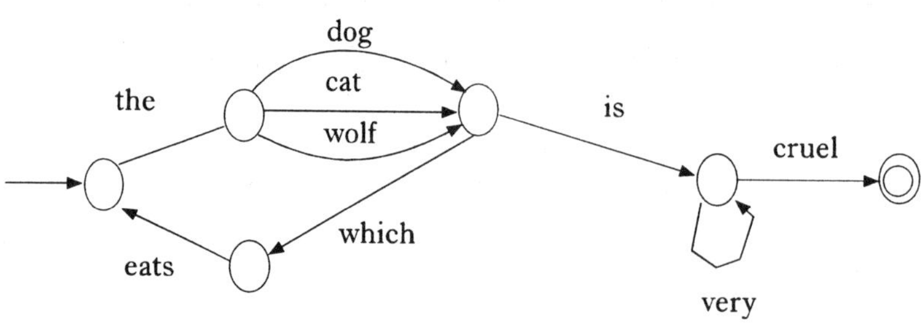

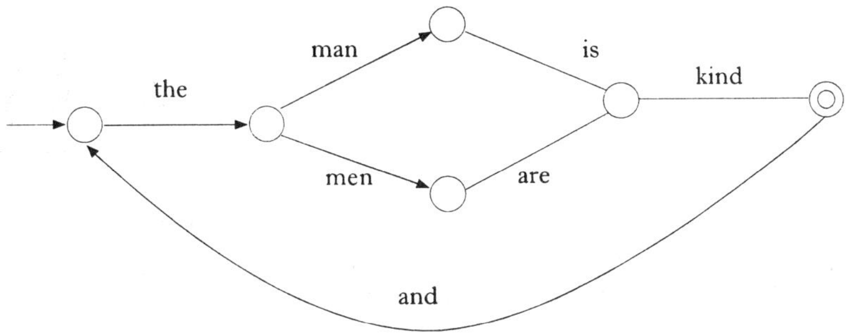

1984년 Sowa[11)]가 개발한 개념 그래프(Cpnceptual graph)에 대해서는 차후에 취급하도록 하겠다.

> 내 아들아,
> 주의 징계하심을 경히 여기지 말며 그에게 꾸지람을 받을 때에 낙심하지 말라.
> 주께서 그 사랑하시는 자를 징계하시고 그의 받으시는 아들마다 채찍질 하심이니라.
> - 히브리서 12:6 -

11) John F. Sowa, Conceptual Structures - Informercial Processing in Mind and Meching, Addison-Wesley, 1984

VIII

게임이론 : '윈-윈(win-win)' 게임은 가능한가?

들어가면서

수박장사가 수박 한 개의 값을 정할 때 그는 고객들과 게임을 하는 것이다. 나아가서 그는 그의 경쟁자들인 다른 수박장사들과도 게임을 하는 것이다. 임금교섭은 사장과 고용자 그리고 노조 사이에서 벌어지는 하나의 게임이다. 나폴레옹과 웰링턴은 워털루에서 '게임'을 했고, 쿠바 위기시 케네디와 후루시초프도 마찬가지다. 이처럼 두 사람이 서로 상대방에 영향을 미칠 때에 우리는 그것을 게임이라고 부를 수 있겠다.

그래서 광의의 전략론의 어휘나 방법론을 보다 일반적인 갈등 상황에 적용할 수 있겠는데 이것이 바로 게임이론이다. 타협이 빈번한 경제분야에서 이 이론은 큰 성공을 거두었다. 그런데 '게임'은 우리가 미처 예상하지 못한 다른 많은 분야에서도 일어난다는 사실을 알게 되었다. 여기에서 우리는 '죄수의 딜레마'에 대한 연구를 바탕으로 이 다양한 분야들을 소개하고자 한다. 1장에서는 게임이론의 몇몇 결과들을 환기시키고, 2장에서는 죄수의 딜레마와 이런 상황에서 어떻게 협력이 출현할 수 있는지 검토하고자 한다. 그리고 3장에서는 죄수의 딜레마의 연구로부터 새로 발견된 결과들의 적용사례들을 소개할 것이다.

1. 게임이론의 기초

1.1 게임이론의 역사

게임에 대한 작업이 처음으로 이루어진 것은 빠스칼(Pascal)과 페르마(Fermat)가 확률을 연구하기 시작한 17세기부터이다. 18세기에 와서 조합론과 확률의 법칙에 대한 베르누이의 작업 덕분에 몇몇 게임에 관한 문제들이 해결될 수 있었다. 20세기 초에는 Cournot와 Edgeworth와 같은 경제학자들이 게임이론을 경제에 적용하였다.

현대의 게임이론은 이제는 고전이 된 Von Neumann의 「The theory of Game and Economie Behavior」(1944)에 의해 빛을 보게 되었고, 이 책은 미시경제학의 토대를 마련하였다. 그런데 이 이론의 가장 중요한 결과는 1928년 역시 Von Neumann에 의해 발견된 '미니 막스 정리'인데 제로섬 게임을 취급할 적에 이 정리를 소개할 것이다. 1950년대에는 'Nash 평형'의 개념을 발견한 Nash의 작업 덕분에 게임이론이 발전하였고, 이 업적으로 Nash는 1994년 노벨상을 수상하였다. 그 후 게임이론은 21세기에서 가장 유망한 분야 중의 하나가 되었다.

1.2 상이한 유형의 게임들

1.2.1 다른 유형의 정보

게임의 당사자들이 다음과 같은 사항을 숙지하고 있을 때 완전한 정보의 게임이라고 한다.

- 그가 취할 수 있는 액션 또는 선택의 가능성
- 상대방이 취할 수 있는 선택
- 가능한 결말과 그로부터 나오는 이득
- 게임하는 사람들의 동기(게임에서는 언제나 상대방이 합리적[12])이라고 가정해야 한다. 즉 모든 경기자는 그들의 이익을 최대화하고자 하는 오직 하나의 목표를 가지고 있다.)

12) 합리성의 수준
첫 번째 : 나의 상대방은 합리적이다.
두 번째 : 나의 상대방은 내가 합리적이라는 사실을 알고 있다.
세 번째 : 나는 나의 상대방이 내가 합리적이라고 생각하는 것을 안다.

이상의 사항들은 게임 당사자들이 모를 때 그것은 불완전한 정보의 게임인데, 우리는 앞으로 완전한 정보의 게임만 고려의 대상으로 삼을 것이다.

완전한 정보의 게임은 다시, 가위/바위/보 게임에서처럼 동시에 액션을 취하기 때문에 상대방의 선택에 따라 미리 결정할 수 없는 동시게임과, 바둑에서처럼 상대방이 둔 수에 따라 결정할 수 있는 연속게임으로 구분된다.

이제 협력차원에서 게임을 보자면, 먼저 협력게임에서는 때로 승자의 이득을 다른 참가자들과 분배할 수도 있다. 나아가서, 발생한 이득을 게임에 참가한 모든 사람에게 공평하게 분배할 수도 있는데, 이런 경우에는 여러 당사자들을 일반이익을 추구하는 한 사람의 게이머(gamer)로 볼 수도 있겠다.

게임 당사자들이 합리적인 방식으로, 즉 가장 이기적인 방식으로 행동의 자유를 구사한다는 가정으로부터 출발하는 비협력게임 이론의 목표는 이들의 전략적 상호작용으로부터 나오는 가능한 결말들을 규명하는 데에 있다. 이 모델에서는 경쟁자들 사이에 의사소통이나 협의가 있을 수 없다. 설사 사전계약이 있다 할지라도 계약위반을 처벌할 수 있는 충분히 강한 권위기관이 없을 적에는 개인들이 이기적으로 행동해서 계약을 깨는 경우가 흔하기 때문에 이런 게임은 비협력게임으로 분류되어야 한다.

비협력게임은 두 유형의 게임으로 분류될 수 있다.

- **순수한 상태의 투쟁, 즉 결투**

  두 게이머 X, Y가 있을 때 X의 이득은 바로 Y의 손실을 의미하는 경우에 해당한다. 이런 경우에 협력의 가능성은 희박하다.

- **대결과 협력**

  게이머들간의 이해타산이 상반될 수도 있고 일치될 수도 있는 경우이다. 문제는 한 사람의 손실이 반드시 다른 사람의 이득으로 이어지지는 않는다는 것이다. 경제에서 성장과 분재의 문제가 이에 해당한다. 즉 우리는 동시에 파이를 키워야 하고 그러면서 그것을 분배해야 한다. 이러한 목표를 달성하기가 쉽지 않은데, 때로 파국적인 대립은 부를 창출하기보다는 파괴할 수도 있기 때문이다.

이상을 요약하면 다음과 같다.

<table>
<tr><td>기 준</td><td colspan="2"></td></tr>
<tr><td rowspan="3">정보차원</td><td rowspan="2">완 전</td><td>동시게임</td></tr>
<tr><td>연속게임</td></tr>
<tr><td colspan="2">불 완 전</td></tr>
<tr><td rowspan="3">협력차원</td><td colspan="2">협력게임</td></tr>
<tr><td rowspan="2">비협력게임</td><td>결투</td></tr>
<tr><td>대결과 협력</td></tr>
</table>

일반적으로 협력게임은 비협력게임보다 더 많은 이득을 가져온다. 그러나 전자는 후자보다 훨씬 더 모델화하기에 어려움이 있다. 그래서 대부분의 게임이론은 비협력게임에 대한 연구인데, 당파간의 연합이나 국가간의 동맹을 간과한다는 비판을 면할 수 없다는 단점을 지닌다.

1.3 게임의 해법

1.3.1 정상형태

정상형태는 각 게이머의 전략과 이득을 소개하는 편리한 방식으로서 두 사람이 있을 때 2차원의 도표로 구성된다. n명의 게이머가 있을 때는 n차원의 도표가 될 것이다. 보통 이득을 +1, 손해를 -1 그리고 무승부는 0에 결부시킨다. 주사위를 던질 때와 같이 상황이 불확실한 경우의 이득은 기대치가 될 것이다. 아래에 어린아이들의 <가위, 바위, 보> 놀이를 소개한다. 앞의 수치가 A의 이득이고 뒤의 수치가 B의 이득이다.

A \ B	가 위	바 위	보
가 위	0, 0	-1, +1	+1, -1
바 위	+1, -1	0, 0	-1, +1
보	-1, +1	+1, -1	0, 0

1.3.2 확장된 형태

확장된 또는 발전된 형태는 바둑처럼 상대방이 둔 수(手)에 의해 추가정보를 알 수 있을 때 특히 사용된다. 이 형태는 연속적인 수라는 아이디어를 잘 형상화하고 두 명 이상의 게임도 나타낼 수 있다. 이 형태는 'Kuhn의 나무'라고 불리는 모델로 제시된다.

다음은 3명의 게이머가 있는 경우이다.

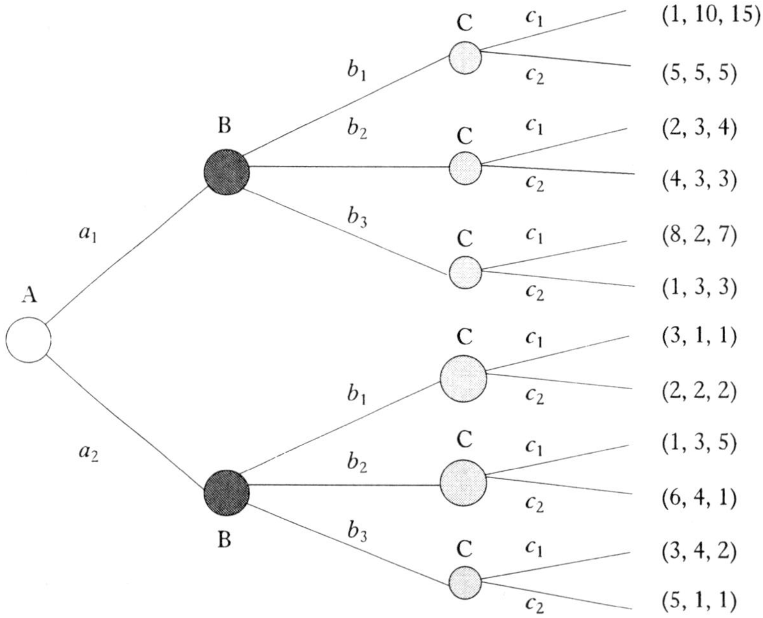

하나의 가지는 가능한 수를 의미한다. 그래서 A는 a_1과 a_2 두 개의 수, B는 b_1, b_2, b_3 세 개의 수, C는 c_1, c_2 두 개의 가능한 수가 있다.

마지막 가지에서는 괄호 속에(A의 이득, B의 이득, C의 이득)을 순서대로 쓴 것이다. 만일 A가 a_1, B가 b_2, C가 c_2를 두었다면 각자의 이득은 (4, 3, 3)이 될 것이다.

이러한 게임을 풀기 위해서 역순환법(backward induction)을 적용할 수 있다. 만일 C가 합리적이라면 각각의 가지에서 최상의 이득을 보장하는 수를 둘 것이다. 그래서 가지 b_1에서 c_2보다 더 많은 이득을 주는 c_1을 선택할 것이다. 나머지 다른 가지들에서도 동일한 추론을 할 수 있으며 결국 우리는 수형도의 각 마디에서 C의 선택을 알 수 있게 된다. 그래서 다음과 같은 수형도를 얻게 된다.

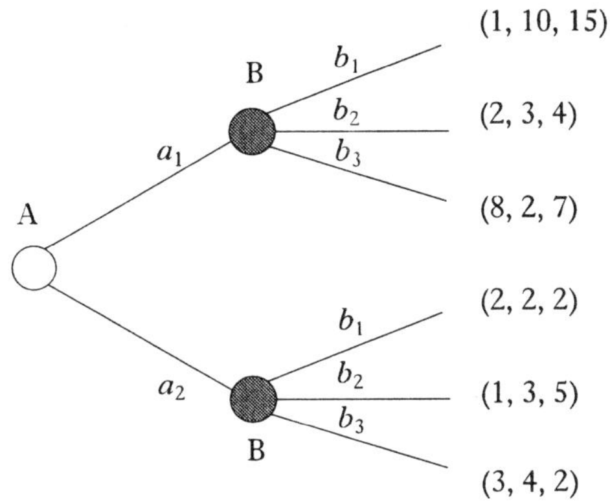

똑같은 추론을 B에게 적용하면

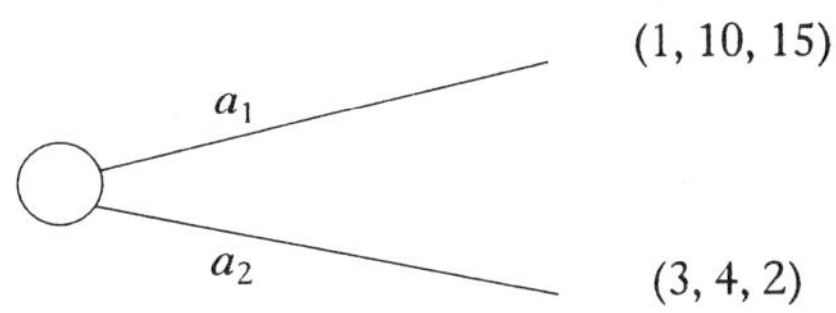

마찬가지로 A는 a_2를 선택할 것이다. 그래서 각자의 이득은 (3, 4, 2)가 되는 것이다.

1.3.3 최적의 해법과 모험

위의 예에서 만일 게임이 협력적이었다면, (1, 10, 15)와 같은 최적의 해법을 얻을 수 있었을 것이다. 이러한 결말은 게임의 다른 결말들보다 상위의 결과(1 + 10 + 15 = 26)를 주는데 이 결과를 세 사람에게 공평하게 분배해야 할 때 유리하다. A의 입장에서 보자면 3대신 1을 얻지만 게임이 협력적이어서 파이를 나누기 때문에 결과적으로 8.66을 얻게 된다.

게임이 협력적이 아니더라도 (5, 5, 5)처럼 각자에게 최상의 해결책이 존재한다. 그 이유는 역순환의 경우, 각 게이머는 그의 개인적 이득을 극대화하기 위해 합리적으로 행동했기 때문이다. 만일 C가 a_1-b_1 가지에서 C_2를 둔다는 것을 미리 알았다면 A는 a_1을 B는 b_1을 두어서 (5, 5, 5)라는 결과를 얻었을 것이다.

이처럼 역순환법에서는 보통 최적의 이득 수준에 도달하지 못하는데, 각자는 상대방이 야기할 수 있는 위협에 미리 대비하기 때문이다. 그러나 때로는 모험을 감행하는 것이 합리적일 수도 있다. 만일 당신이 상대방을 신뢰할 수 있다면 이때는 안전하다고 생각되는 수를 두지 않는 것이 보다 당신에게 이로울 수도 있다.

1.3.4 게임과 컴퓨터

게임을 하는 사람은 상대방에 의해 제약을 받지 않는 이득의 수준을 정하고 싶어 한다. 이런 안전수준은 minimax라고 불리는 알고리듬으로부터 도출될 수 있다. 즉 그는 상대방의 적대적인 선택을 예측하면서 그의 각각의 선택에 대해 자신의 최대 이득을 우선 정하고 나서 다음으로 이 이득을 최소화하는 전략을 채택한다. 아래와 같은 경우에 우리가 A의 입장에 있다고 가정하자.

A \ B	s_1	s_2	s_3
t_1	(3, 3)	(9, 2)	(7, 1)
t_2	(4, 5)	(6, 7)	(8, 4)
t_3	(1, 8)	(7, 5)	(6, 6)

이때 B가 s_1을 택하면 A의 최대이득은 4가 되고, s_2, s_3를 택하면 각각 9, 8이 된다. 여기에서 안전수준은 4가 된다.

$$\min\{\max(3,\ 4,\ 1),\ \max(9,\ 6,\ 7),\ \max(7,\ 8,\ 6)\} = 4$$

짐작하는 바처럼, 이런 작업은 컴퓨터가 쉽게 할 수 있다. 다만 여기에는 컴퓨터의 계산능력이 제한되어 있다는 문제가 따른다. 체스의 경우 매번 대략 35가지의 가능한 수가 있고 한 게임에서 80수를 두어야 한다면 $35^{80} \approx 10^{120}$가 되어 경우의 수가 지수함수적으로 증가한다. 이런 경우 고려해야 할 경우를 줄이기 위해 고안된 것이 알파-베타(Alpha-béta)라고 불리는 알고리듬이다.

다음 수형도에서 나는 A의 입장에 있고, B, C, D 세 가지 선택을 할 수 있다. 그 각각에 대해 상대는 B_1, B_2, B_3 세 가지 대책으로 나오고 부여된 수치는 나에게 돌아오는 점수라고 하자.

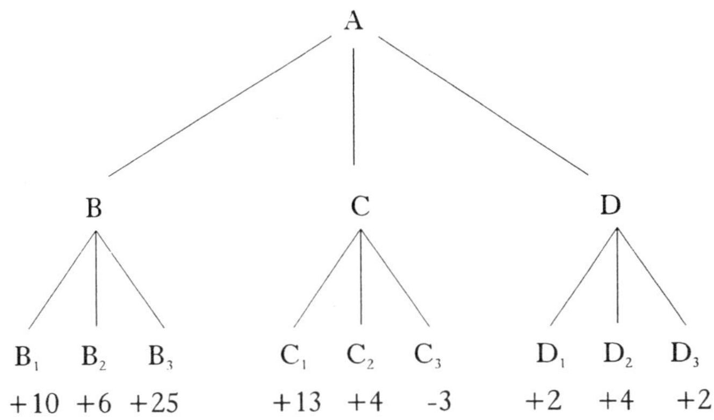

각 마디에서 세 가지가 나오는 이 게임의 경우에 컴퓨터 프로그램이 B의 결과를 이미 분석해서 B_2에 따른 +6을 할당했다고 가정하자. 이제 프로그램은 C를 분석하는데 C_2는 +4만을 주어 B보다 불리해서 더 이상 C_3를 분석할 필요가 없다. D_1은 더 낮은 +2를 주므로 D_2와 D_3를 무시할 수 있다. 그래서 프로그램은 최선의 선택이 B라는 것을 안다. 나의 상대방의 9가지 가능한 대응 중에서 프로그램은 줄친 곳(C_3, D_2, D_3)의 가지를 치고 6가지 경우만을 검토한 것이다.

이상에서 보는 바와 같이 게임이론의 어떤 영역은 각 게임의 유형에 따르는 특수한 연구를 필요로 한다. 그러나 여기에서는 그런 특수한 분야가 아니라 게임이론의 일반적인 개념과 방법의 소개로 만족하고자 한다.

1.4 주전략

전략을 결정할 때 최상의 전략을 보유하기 위해 나머지 다른 전략들은 버려야 한다. 거기에 도달하는 방법 중 하나는 지배전략을 탐구하는 것이다. 만일 당신이 A와 B 두 개의 해결책을 가지고 있고 또 상대방의 대응이 어떠하든지 간에 B보다 A를 택했을 때 더 높은 이득을 취할 수 있다고 하자. 이때 A를 지배전략, B를 피지배전략이라고 한다. 그래서 A가 지배전략인 경우, A의 선택에 대해 후회하는 일은 결코 없을 것이다. 다음과 같은 이득의 행렬식을 가지고 제거방법을 알아보자.

A \ B	b_1	b_2	b_3	b_4
a_1	5, 5	6, 4	0, 10	4, 6
a_2	1, 9	7, 3	5, 5	6, 4
a_3	6, 4	7, 3	7, 3	8, 1
a_4	4, 6	8, 1	0, 1	2, 8
a_5	3, 7	5, 5	9, 0	0, 10

B에게 있어서 b_1 전략은 b_2 전략을 지배한다.

$$(5>4;\quad 9>3;\quad 4>3;\quad 6>1;\quad 7>5)$$

A의 대응이 어떠하든 간에 b_2의 결말은 언제나 b_1의 하위이므로 B가 b_2를 택하는 일은 없을 것이다.

A에게 있어서 a_3는 a_1을 지배한다. 다음은 b_2와 a_1이 제거된 행렬이다.

A \ B	b_1	b_3	b_4
a_2	1, 9	5, 5	6, 4
a_3	6, 4	7, 3	8, 1
a_4	4, 6	0, 1	2, 8
a_5	3, 7	9, 0	0, 10

여기에서 a_2와 a_4를 지배하므로 이 두 전략은 제거된다.

A \ B	b_1	b_3	b_4
a_3	6, 4	7, 3	8, 1
a_5	3, 7	9, 0	0, 10

b_1이 b_3를 지배하고, a_3는 a_5를 지배하므로 b_3와 a_5는 제거된다.

A \ B	b_1	b_4
a_3	6, 4	8, 1

끝으로 b_1이 b_4를 지배하기 때문에 이 방법은 공동전략 (a_3, b_1)에 도달해서 두 경쟁자에게 (6, 4)의 이득을 가져오게 해준다.

그런데 언제나 지배전략이 존재하는 것은 아니다. 다음의 경우를 보자.

B / A	b_1	b_2	b_3
a_1	(2, 4)	(3, 7)	(2, 5)
a_2	(4, 6)	(6, 5)	(3, 7)
a_3	(5, 4)	(2, 3)	(4, 2)

그 대신 피지배전략이 존재한다. a_1은 a_2에 의해 지배된다. A가 합리적이라면 그는 결코 a_1을 선택하지 않을 것이다. 그래서 표로부터 a_1을 제거할 수 있다. 표에서 남은 것을 보면 b_2가 b_1에 의해 지배됨을 알 수 있고 따라서 b_2는 제거한다. 계속 검토하면 a_3가 지배전략임을 확인할 수 있다. B도 A처럼 추론하기 때문에 그는 A가 a_3를 선택할 것을 알 수 있고 그래서 보다 이득이 많은 b_1을 선택할 것이다. 이 게임의 해법은 결국 (a_3, b_1)이 되어 (5, 4)라는 득점을 각각에게 준다.

지배전략에 의한 해법은 이처럼 상대방의 선택에 무관하게 나의 최적의 전략을 추구하는 데에 있는데, 이런 유형의 게임은 사실 드물며 지배전략이 없는 경우가 대부분이다. 그래서 이번에는 나의 상대방의 최적의 전략에 대한 나의 최적의 전략이 무엇인가를 묻는 아이디어가 나왔는데 이것이 바로 '내쉬평형'의 밑바탕에 깔린 생각이다. 즉 내가 상대방의 전략을 알더라도 나의 전략을 수정할 필요가 없는 결과를 의미한다.

1.5 내쉬평형(Nash equilibrium)[13)]

지배전략이 없는 다음의 예는 보통 '성대결'이라고 불리는 게임이다.

영희의 입장에서, 그녀는 철수도 자신과 마찬가지로 합리적이고 그래서 그가 최적의 선택을 할 것이라는 사실을 알고 자신의 선택을 한다. 철수의 입장에서도 마찬가지이다. 부부가 외출을 하는데 오페라에 가거나 축구경기장에 가거나 두 가지의 선택이 있다. 영희는 오페라, 철수는 축구를 선호한다. 그러나 무엇보다도 중요한 것은 부부가 함께 가는 것이다.

13) 다음 책을 참고하면 내쉬평형의 중요성을 이해하는데 도움이 될 것이다.
Sylvia Nasar, A Beautiful Mind, 신현용 외 옮김, 승산, 2002

영희 \ 철수	오페라(O)	축구(F)
오페라(O)	(2, 1)	(0, 0)
축구(F)	(0, 0)	(1, 2)

여기에서 어떤 결과가 내쉬평형인가?

누구든 다른 대체전략을 선택해서 더 나은 결과를 얻은 수 있다면 그것은 내쉬평형이 아니다. 쌍방이 상대의 전략에 무관하게 자신들의 전략을 수정할 필요가 없는 경우, 이런 상황이 내쉬평형이다.

① (O, O)는 내쉬평형인가?

- 철수가 오페라를 선택한다면 영희는 오페라를 선택함으로써 2점을 얻게 되고 혼자서 축구장에 가면 0점을 얻는다. 영희는 전략을 바꿀 필요가 없다.
- 영희가 오페라를 선택한다면 철수는 오페라를 선택하면 1점, 혼자서 축구장에 가면 0점을 얻으므로 역시 전략을 수정할 필요가 없다.

따라서 (O, O)은 내쉬평형이다.

② (O, F)의 경우

앞에서 영희가 오페라를 선택했을 때 철수는 그녀와의 동반을 선호하므로 이 경우 내쉬평형일 수 없다.

③ (F, O)의 경우

대칭적인 경우로서 영희가 축구를 선택할 때, 철수가 오페라를 선택하는 일은 없으므로 내쉬평형이 아니다.

이상의 추론은 철수가 먼저 선택하는 경우에도 성립된다.

④ (F, F)의 경우

첫 번째 경우와 똑같은 추론에 의해 이 경우 역시 내쉬평형이다.

여기에서 보는 것처럼 내쉬평형은 다수일 수 있는데, 여러 개의 평형점에서 하나를 선택하는 문제는 현재 게임이론에서 가장 활발하게 연구되고 있는 분야 중의 하나이다. 여기에는 n차원의 합리성의 문제라는 어려운 문제가 숨어 있다. : “그가 생각하는 걸 나도 생각한다고 그가 생각하리라는 걸 나도 생각하고 …" 이런 경우에는 해법이 존재하지 않는다.

게이머들의 즉각적인 행동이 전략을 구성하는 그런 게임에서는 내쉬평형이 존재하지 않는다. 즉 게임 참가자 중 적어도 한 명은 자신의 선택을 후회하는 경우이다. 축구에서 패널티 킥을 할 때의 골키퍼와 공격수의 상황을 보자.

공격수 \ 키퍼	좌	우
좌	(−1, +1)	(+1, −1)
우	(+1, −1)	(−1, +1)

볼이 골인을 했다면 골키퍼는 자신의 선택을 후회할 것이고, 골인을 하지 못했다면 공격수는 자신의 선택을 후회할 것이다. 둘 중 하나는 자신의 선택을 후회하게 되는 것이다.

이런 경우 유일한 해결책은 혼합전략으로서 왼쪽으로 할 것인지 오른쪽으로 할 것인지(키퍼의 경우 왼쪽으로 몸을 날릴 것인지 오른쪽으로 몸을 날릴 것인지) 무작위로 선택하는 수밖에 없다.

2. 죄수의 딜레마

제로섬 게임이 아닌 게임이론에서 죄수의 딜레마는 유명한 사례 중의 하나이다. 이 게임에서 각 게이머는 상대방의 이득을 고려하지 않고 자신의 이득을 극대화한다는 가정에서 출발한다. 이 게임은 분리된 감방에서 서로 의사소통을 할 수 없는 두 공범의 상황을 설정한다.

- 둘 중 한 명이 자백을 하면, 이 자는 형을 면제받는다.
- 둘 다 자백을 하면, 그들은 최대의 형을 선고받는다.
- 둘 다 침묵하면 형량은 조금 더 가벼워진다.

다음과 같은 상황을 보자.

A \ B	협력	배신
협력 배신	(1, 1) (0, 5)	(5, 0) (4, 4)

A, B 각각은 그의 공범자가 취할 수 있는 선택을 고려할 것이다. : "그가 나를 배신하고 내가 의리를 지키면 나는 5년형을 살 것이고, 나도 배신하면 4년형을 살 것이다. 만일 그가 의리를 지키고 내가 배신하면 나는 풀려나고, 나도 의리를 지키면 1년형을 살 것이다." 따라서 상대방의 선택에 관계없이 각자는 배신하는 것이 더 유리하다. 문제는 각자가 가장 합리적으로 보이는 선택을 했지만 그 결과 (4, 4)는 둘이 서로 협력했을 때 (1, 1)보다 못하다는 것이다. 이런 유형의 게임에서 Nash 평형은 Pareto 최적 (두 게이머에게 동시에 최상의 해결책)으로 이끌지 않는다. 즉 개인적으로는 배신하는 것이 이득이 있어 보이지만 전체적으로는 그렇지 못하다는 것이다.

이러한 결과는 '보이지 않는 손'에 의한 시장경제이론의 어떤 부분을 의문에 부치게 한다.

죄수의 딜레마 모델이 중요한 이유는 많은 사회현상이 근본적으로 이와 비슷한 상황이라는 데에 있다.

이 모델은 예를 들어 가격정책에 관한 문제를 잘 모형화한다. 가격을 내리는 상인은 그의 경쟁자보다 고객을 더 많이 끌어들이고 이득을 증가시킬 수 있다. 그러나 그의 경쟁자도 똑같이 가격을 낮추면 둘 다 손해를 볼 수도 있는 것이다.

죄수의 딜레마는 특히 국제정치에서 야기되는 문제이다. 인접한 두 국가가 있다. 각 국은 군대를 보유할 것인지 여부를 선택할 수 있다. 두 나라가 군대를 보유하면 치루어야 할 대가가 너무 크기 때문에 전쟁은 불가능하다. 그러나 군비지출은 두 나라 모두에게 순수한 손해이다. 만일 둘 중 한 나라만 군대를 보유한다면, 이 나라는 싸우지 않고 다른 나라를 정복할 수 있다. 두 나라 모두 군대를 보유하지 않으면 평화가 유지되고 군비지출이 없을 것이다. 그래서 군대를 보유하지 않고 상호 협력하는 편이 군대를 보유하는 것보다 명백히 바람직하다. 문제는 이 상황이 불안정하다는 데에 있다. 즉 각자는 다른 나라를 침략하기 위해 일방적으로 군대를 보유하려는 강한 유혹을 받는다는 것이다.

2.2 반복되는 죄수의 딜레마

죄수의 딜레마가 한번만 발생하는 것이 아니라 연속적으로 제기되는 경우 상황은 복잡해진다. 앞에서 본 두 경쟁국의 경우 각국은 매일 협력이냐 배신이냐 둘 중 하나를 선택해야 하는 것이다.

반복되는 죄수의 딜레마 게임에서 각 게이머는 이전의 상대방의 배신을 벌할 수 있는 기회를 갖게 된다. 문제는 상대방의 소행을 기억하면서 선택해야 할 최상의 전략이 무엇인지를 결정하는 것인데 이 문제는 보기와는 달리 훨씬 더 복잡하다. 이런 경우에는 처벌의 위협이 배신의 유혹보다 크기 때문에 협력이 출현할 수 있다.

1984년 Robert Axelrod[14]는「협력의 진화(The Evolution of cooperation)」라는 그의 저서에서 이런 게임을 분석했는데 다음은 그것을 요약한 것이다.

출발을 위해 단순한 전략들의 사례를 먼저 들어보자.

- **선인** : 무슨 일이 있어도 언제나 협력
- **악인** : 언제나 배신
- **지킬박사와 하이드** : 협력과 배신은 번갈아서
- **주고받는 형** : 첫 번째 게임에서는 협력하고, 그 다음부터는 상대방이 앞에서 택한

14) Robert Axelrod, 미시건대학 정치학 교수

전략을 답습
- **원한 형** : 상대방이 배신하기 전에는 협력. 그러나 일단 배신당하면 그 후로는 항시 배신

최상의 전략을 정하기 위해 앞에서 본 사례에서 각각의 경우에 점수를 부여한다.

A \ B	협력	배신
협력	(3, 3)	(0, 5)
배신	(5, 0)	(1, 1)

이 점수들은 우연히 부여된 것이 아니고 다음과 같은 점을 반영한 것이다.

① 상호협력은 상호 배신보다 유리하다. (3 > 1)
② 개인적으로 배신은 언제나 협력보다 유리하다. (1 > 0, 5 > 3)
③ 두 번의 상호협력은 협력 + 배신의 교대 전략보다 유리하다. (3 + 3 > 5 + 0)

이상의 전략들에 대해서 100회에 대한 게임 결과를 정할 수 있는데 하나의 보기를 준다면 다음과 같다.

- 악인은 500 : 0으로 선인을 이긴다.
- 지킬박사와 하이드는 주고받는 형에 대해 253 : 248로 이긴다.
- 주고받는 형은 선인과 300 : 300으로 동점이다.
- 악인은 주고받는 형에게 104 : 99로 이긴다.
  (첫 번째 게임에서 후자는 협력하기 때문에)
- 원한 형은 주고받는 형과 300 : 300으로 동점이다.
- 원한 형은 지킬박사와 하이드에게 297 : 57로 이긴다.

이런 결과로부터 어떤 결론을 내릴 수 있는가?

우선 악인은 어떤 전략에 대해서도 항상 이기는 것 같다. 그리고 선인과 주고받는 형은 기껏해야 동점이다. 그렇다면 문제는 해결되었는가? 그렇지는 않다. 1:1의 대결에서 악인은 물론 우위에 있다. 그러나 각각의 전략을 차례차례 다른 전략과 대립시킨다면 결과는 어찌 될 것인가. 여기에 이 작업을 수행하고 결과를 가산한 도표가 있다.

	선인	악인	지킬과 하이드	주고받는 형	원한 형
선인	300	500	400	300	300
악인	0	100	50	49	49
지킬과 하이드	150	300	200	248	297
주고받는 형	300	104	253	300	300
원한 형	300	104	57	300	300
	1050	**1108**	**960**	**1197**	**1246**

여기에서 보면 악인의 전략이 그다지 좋은 전략이 아니라는 사실이 분명해 보인다. 왜냐하면 이 전략이 비록 모든 대결에서는 이기지만 상대적으로 그다지 좋은 점수를 내지 못하기 때문이다. 반대로 주고받는 전략은 어떤 대결에서도 이기지 못했지만 악인의 전략보다 더 많은 점수를 확보한다.[15] 여기에서 잠정적인 결론은 이러하다. 즉 탐욕적인 전략은 장기간의 관점에서 보자면 지는 것이고, 선인의 이타주의는 결국 보상을 받는다. 액셀로드는 여기에서 자연도태에 의한 다윈의 진화이론의 맥락에서 이타적 행동의 출현에 대한 이유를 본다.

주고 받는 전략이 성공하기 위해서는 4가지 특징을 지녀야 한다.

① 협력적인 상대에 대해 친절해야 한다.

② 도발에 대해서는 응징해야 한다.

③ 응징 후에는 다시 협력으로 돌아와야 한다.

④ 게임의 참가자들이 자신들의 행동의 결과를 예측할 수 있어야 한다.

액셀로드는 이러한 전략의 예로 1차대전시 참호전에서 영국군과 독일군 사이에 자연발생적으로 나타난 협력의 예를 들고 있다.

15) 원한 형이 가장 점수가 많은 이유는 어렵지 않게 이해된다. 상대방의 전략에 대한 기민한 대응은 언제나 유리하다는 것이다.

3. 변이형

죄수의 딜레마에서 각자의 선택에 대한 득점을 약간 수정하면 아주 다른 결론에 이르는 변이형들을 만날 수 있다.

3.1 겁쟁이(wimp) 게임

이 게임은 또 하나의 비(非)제로섬 게임인데 여기에서 협력은 보상을 받지만 불안정하다. 게임 참여자 두 사람 모두의 배신은 최악의 상황이어서 불안정한 평형을 이룬다. 죄수의 딜레마의 경우 최악의 상황은 한쪽은 의리를 지키고 다른 쪽은 배신하는 것이어서 둘 다 모두 배신이 안정적 평형을 이룬 것과는 대조적이다.

A \ B	협 력	배 신
협 력	(5, 5)	(1, 10)
배 신	(10, 1)	(-20, -20)

외국 갱영화에서 보면 두 대의 자동차가 서로를 향해 전속력으로 질주하는 장면을 볼 수 있다. '겁쟁이'라는 이름은 여기에서 유래한다. 방자한 상대를 혼내주고 싶지만 그럴 경우 나까지도 파멸한다. 이럴 경우 "지는 것이 이기는 것이다"라는 말이 성립할 듯싶다.

부부 중 남편(아내)이 바람을 피운다고 가정하자. 그 아내(남편)는 설사 이 사실을 안다 하더라도 너무 큰 파탄을 가져오는 이혼보다는 가정을 지키는 쪽이 낫다고 생각하지 않을까. 그래서 상대의 배신에도 불구하고 협력하게 되는 것이다. 이렇게 되면 이 게임의 명칭에 대해 다시 생각해 보아야 할 것 같다.

3.2 보험게임

보험게임은 죄수의 딜레마와 같은 구조를 지닌다. 다만 상호협력에 대한 보상이 배신하는 경우보다 훨씬 크다는 점만이 다르다.

A \ B	협력	배신
협력	(10, 10)	(1, 5)
배신	(5, 1)	(3, 3)

가장 유익한 평형은 내쉬의 의미에서 안정적이므로 보험게임은 아주 안정적인 평형에 이를 수 있다. 즉 그 누구도 배신해서 이득을 볼 것이 없다.

이제까지 소개한 내용들은 이론적 접근의 필요성 때문에 상황을 극도로 단순화시킨 것이다. 전쟁을 포함해서 현실세계의 게임은 엄청 복잡해서 게임이론이 과연 적용될 수 있는지는 논란의 여지가 없지 않다. 다만 이러한 이론은 객관적 분석과 올바른 판단에 필요한 사고의 틀을 제공하고 충동적인 결정 대신 심사숙고의 계기를 마련해준다는 점에서 충분히 존재 이유가 있는 것이다.

끝으로, 합리적인 사람은 다른 사람도 그와 마찬가지로 합리적일 것으로 판단하는 오류를 범한다고 한다. 게임이론의 관점에서 이 말은 상대의 무의식적 비합리성까지 분석해서 대응하라는 의미인데, 여기에 게임이론의 한계가 있지 않나 여겨진다.

하늘은 인간의 오만을 누그려뜨리기 위해 세 위인을 보냈다.

1. 코페르니쿠스
2. 다윈
3. 프로이드

참고문헌

Barbut M., Monjardet B., Ordre et Classification, 2 Vol., Hachette, 1970.

Berge C., Hypergraphes, Gautier-Villars, 1987.

Boudon R., Les mathémathiques en sociologie, PUF, 1971.

Boursin Jean-Louis, Les structures du hasard, Seuil.

Bruter C. P., Comprendre les mathémathiques, Odile Jacob, 1996.

Devlin K., Mathémathiques contemporaines, Un nouvel âge d'or?, Masson, 1992.

Dienes Z. P., Construction des mathémathiques, PUF, 1966.

Dieudonné J., Pour L'honneur de l'ésprit, Hachette, 1987.

Eber Nicolas, Théorie des jeux, Dunod, 2004.

Flament C., Théories des graphes et structures sociales, Mouton et Gautier-villars, 1965.

Frechet M., Espaces abstraits, Hermann, 1928.

Guerrien B., La Théorie des jeux, Economica, 2002.

Guilbaud Th., Mathémathiques, PUF, 1966.

Halmos P. A., Introduction à la théorie des ensembles, Mouton et Gautier-villars, 1967.

Kline Morris, Mathémathiques : la fin de la certitude, Bourgeois, 1989.

Lautman A., Essai sur L'unité des mathémathiques, Coll, <10/18>, n. 1100, 1977.

Lipschutz S., Topologie, cours et problèmes, McGraw-hill Paris, 1981.

Poincaré H., Dernières pensées, Flamarion, 1913.

Rusenstiehl P. et Mothes J., Mathémathiques et l'action, Dunod, 1967.

Stewart Ian, From here to Infinity : a Guide to Today's Mathematics, Oxford University Press, 1996.

연습문제 풀이

제 1 부 (논리편)

연습문제 I-1

1. P& ~ Q
2. P → T
3. ~ P∨T (or ~ T → ~P)
4. (Q& ~ S) → R
5. ~T∨(P∨R) (or the same as 8)
6. T& ~ (P∨R)
7. T → U
8. (Q → R)&(P → Q) → (P → R)
9. (P&Q)& ~ R → (~T&(S&U))
10. ~U → (~P∨Q) or (~U → (~Q → ~P))

연습문제 I-2

1. (1)

① ~((p⊃~p)⊃~p)
 | ~⊃-제거①
② p⊃~p
③ ~~p
 | ~~-제거③
④ p
 ⊃-제거②
⑤ ~p ~p
 × ×

(2)

① ~(p⊃(q⊃p))
 | ~⊃-제거①
② p
③ ~(q⊃p)
 | ~⊃-제거③
④ q
⑤ ~p
 ×

(3)

① $\sim((p \wedge (p \vee q)) \equiv p)$ — $\sim\equiv$-제거①

② $p \wedge (p \vee q)$ | $\sim(p \wedge (p \vee q))$

③ $\sim p$ | p

∧-제거② (left branch) — $\sim\wedge$-제거② (right branch)

④ p | $\sim p$ | $\sim(p \vee q)$

⑤ $p \vee q$ | × | — $\sim\vee$-제거④

⑥ × | $\sim p$

⑦ $\sim q$

×

(4)

① $\sim((\sim q \supset p) \supset (\sim p \supset (\sim q \supset p)))$ — $\sim\supset$-제거①

② $\sim q \supset p$

③ $\sim(\sim p \supset (\sim q \supset p))$ — $\supset$-제거②

④ $\sim\sim q$ | p

$\sim\sim$-제거④ (left branch) — $\sim\supset$-제거③ (right branch)

⑤ q | $\sim p$

⑥ $\sim\supset$-제거③ (left branch) | $\sim(\sim q \supset p)$

⑦ $\sim p$ | ×

⑧ $\sim(\sim q \supset p)$

$\sim\supset$-제거⑧

⑨ $\sim q$

⑩ $\sim p$

×

(5)

① $\sim(((p \supset q) \wedge (q \supset r)) \supset (p \supset r))$ — $\sim\supset$-제거①

② $(p \supset q) \wedge (q \wedge r)$

③ $\sim(p \supset r)$ — $\sim\supset$-제거③

④ p

⑤ $\sim r$ — ∧-제거②

⑥ $p \supset q$

⑦ $q \supset r$ — $\supset$-제거⑥

⑧ $\sim p$ | q

× — $\supset$-제거⑦

⑨ $\sim q$ | r

× | ×

2. (1)
① p
② q
③ $(q \wedge p) \supset r$
④ $\sim(q \supset r)$
　　$\sim\supset$-제거④
⑤ q
⑥ $\sim r$
　　$\supset$-제거③
⑦ $\sim(q \wedge p)$　　r ×
　　$\sim\wedge$-제거⑦
⑧ $\sim q$ ×　　$\sim p$ ×

(2)
① $(p \supset q) \supset r$
② $s \vee p$
③ $\sim(s \vee \sim t)$
④ $t \supset q$
⑤ $\sim r$
　　$\supset$-제거①
⑥ $\sim(p \supset q)$　　r ×
　　$\sim\vee$-제거③
⑦ $\sim s$
⑧ $\sim\sim t$
　　$\sim\sim$-제거⑧
⑨ t
　　$\sim\supset$-제거⑥
⑩ p
⑪ $\sim q$
　　$\vee$-제거②
⑫ s ×　　p
　　$\supset$-제거④
⑬ $\sim t$ ×　　q ×

(3)

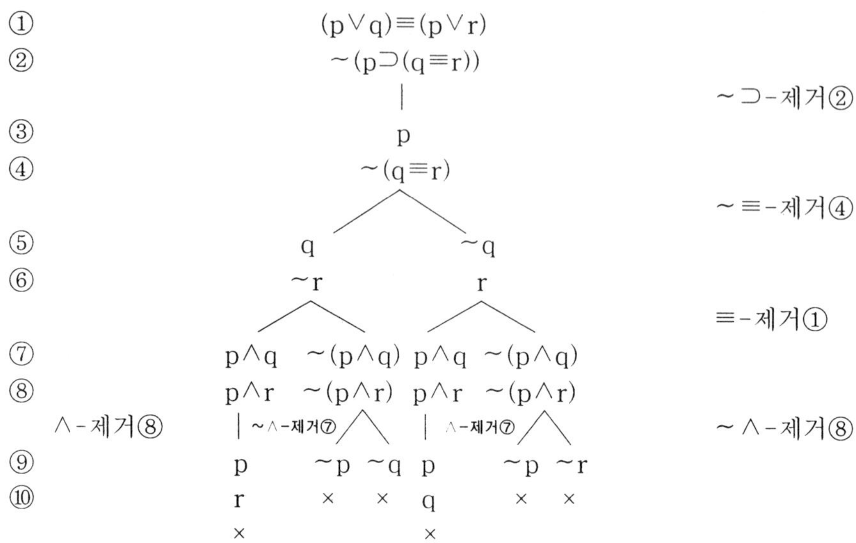

(4)

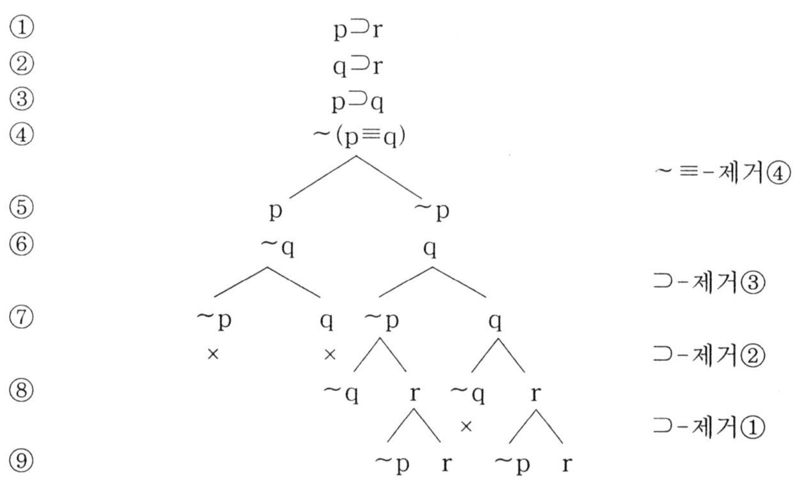

※ ~p, q, r의 길이 열려 있으므로 연역은 타당하지 않다.

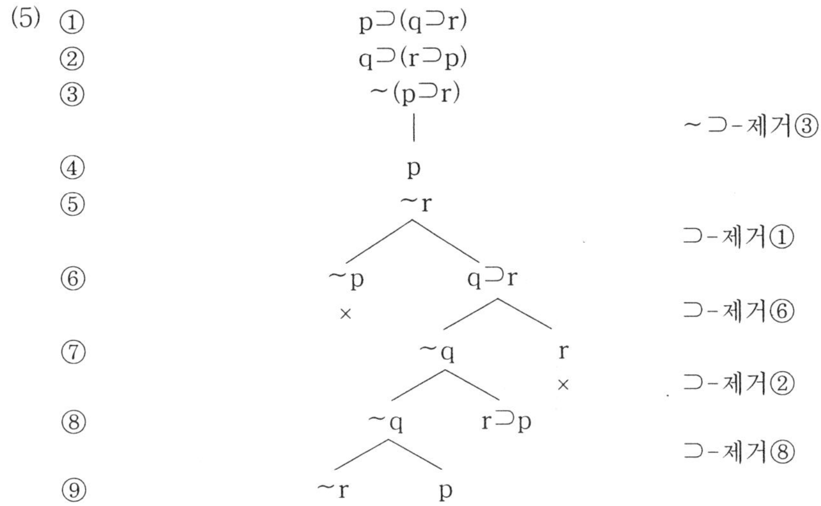

※ 타당하지 않은 연역.

연습문제 I-3

1. (1) q⊃r을 증명하고자 하므로, q로부터 r을 연역할 수 있고 ⊃-도입에 의해 q⊃r을 얻을 수 있음을 보이면 된다. 전제 중 하나가 q를 전건으로 갖는 함축이므로 이 전제를 반복하고 ⊃-제거에 의해 p⊃r을 얻는다. r을 얻기 위해 p를 반복하고 ⊃-제거를 적용하면 된다.

p, q ⊃(p ⊃ r)⊢ q ⊃ r

1	p	
2	q⊃(p⊃r)	
3	q	가정
4	q	반복(3)
5	q⊃(p⊃r)	반복(2)
6	p⊃r	⊃-제거(4, 5)
7	p	반복(1)
8	r	⊃-제거(6, 7)
9	q⊃r	⊃-도입(3, 8)

(2) 결론 p⊃(q⊃r)을 얻기 위해 p로부터 q⊃r을 얻을 수 있음을 보여야 한다. 이를 위해 부분유도(2-9줄)가 필요하다. 그러나 q⊃r을 얻기 위해 다시 q를 가정으로 하는 부분유도(3-8줄)를 수행한다.

$(p \wedge q) \supset r \vdash p \supset (q \supset r)$

1	$(p \wedge q) \supset r$	
2	p	가정
3	q	가정
4	p	반복(2)
5	q	반복(3)
6	$p \wedge q$	∧-도입(4, 5)
7	$(p \wedge q) \supset r$	반복(1)
8	r	⊃-제거(6, 7)
9	$q \supset r$	⊃-도입(3, 8)
10	$p \supset (q \supset r)$	⊃-도입(2, 9)

(3) 여기에서도 주연결사는 "⊃"이다. 따라서 결론의 전건을 가정으로 삼는 부분유도를 여는 것은 자연스러운 일이다.

$p \supset (q \supset r) \vdash (p \wedge q) \supset r$

1	$p \supset (q \supset r)$	
2	$p \wedge q$	가정
3	$p \wedge q$	반복(2)
4	p	∧-제거(4, 5)
5	$p \supset (q \supset r)$	반복(1)
6	$q \supset r$	⊃-제거(4, 5)
7	q	∧-제거(3)
8	r	⊃-제거(6, 7)
9	$(p \wedge q) \supset r$	⊃-도입(2, 8)

(4) 이 문제를 풀기 위한 방법은 조금 복잡하다. 여기에서는 전제가 없는데, 결론이 동어반복이기 때문이다. 처음에는 선언지 중 하나를 유도해서 ∨-도입을 시도할 만 한데, 예컨대 p를 유도할 수 있다면 $p \vee \sim p$를 얻을 수 있기 때문이다. 그러나 이 진술은 통하지 않는다. p도 ~p도 동어반복이 아니기 때문에 전제없이 이들을 유도할 수는 없는 노릇이다. 이처럼 직접 파생이 가능해 보이지 않을 때에는 결론의 부정을 전제로 삼아 모순을 유도하는 것이 좋은 방법이다.

$\vdash (p \vee \sim p)$

1		$\sim(p \vee \sim p)$		가정
2			p	가정
3			p	반복(2)
4			$p \vee \sim p$	∨-도입(3)
5			$\sim(p \vee \sim p)$	반복(1)
6		$\sim p$		∼-도입(2, 4, 5)
7		$p \vee \sim p$		∨-도입(6)
8		$\sim(p \vee \sim p)$		반복(1)
9	$\sim\sim(p \vee \sim p)$			∼-도입(1, 7, 8)
10	$p \vee \sim p$			∼-제거(9)

(5) 이 문제는 귀류법의 한가지 형태이다. 두 전제로부터 ~p를 얻고자 하므로 p를 가정으로 삼아 모순을 보이면 된다.

$p \supset q,\ p \supset \sim q \vdash \sim p$

1	$p \supset q$		
2	$p \supset \sim q$		
3		p	가정
4		p	반복(3)
5		$p \supset q$	반복(1)
6		q	⊃-제거(4, 5)
7		$p \supset \sim q$	반복(2)
8		$\sim q$	⊃-제거(4, 7)
9	$\sim p$		∼-도입(3, 6, 8)

(6) 여기에서는 전제와 결론의 부정이 모순을 초래한다는 것을 보여야 한다.

$p \wedge q \vdash \sim(\sim p \vee \sim q)$

1	$p \wedge q$	
2	$p \wedge q$	반복(1)
3	p	∧-제거(2)
4	q	∧-제거(2)
5	$\sim p \vee \sim q$	가정
6	$\sim p \vee \sim q$	반복(5)
7	$\sim p$	가정
8	$\sim p$	반복(7)
9	$\sim q$	가정
10	p	가정
11	$\sim q$	반복(9)
12	q	반복(4)
13	$\sim p$	~-도입(10, 11, 12)
14	$\sim p$	∨-제거(6, 7, 8, 9, 13)
15	p	반복(3)
16	$\sim(\sim p \vee \sim q)$	~-도입(5, 14, 15)

연습문제 Ⅱ-1

(A)

1. $\forall x(Dx \rightarrow Mx)$
2. $\forall x(Fx \rightarrow \sim Ex)$
3. $\forall x(Rx \rightarrow \sim Ex) \& \forall x(Ax \rightarrow \sim Ex)$
4. $\forall x(Gx \rightarrow Lx)$
5. $\forall x(Mx \leftrightarrow Px)$
6. $(\exists x(Ox \& Cx) \& \exists x(Ox \& Mx)) \& \sim \exists x(Cx \& Mx)$
7. $\forall x(Ax \rightarrow (\sim Wx \rightarrow Nx))$
8. $\exists x(Sx \& (Px \& Fx)) \& \sim \forall x(Px \& Fx \rightarrow Sx)$
9. $\forall x(Sx \rightarrow (\sim Nx \vee Mx))$
10. $\forall x(Px \rightarrow \sim Hx)$

(B)

1. Agb
2. $\exists x Axb$
3. $\exists x Agx$

4. $\forall xAbx$
5. $\forall xAxb$
6. $\exists xyAxy$
7. $\exists x\forall yAxy$
8. $\forall x\exists yAxy$
9. $\forall xyAxy$
10. $\forall xAxx$
11. $\exists xAxx$
12. $\forall x \sim Axx$
13. $\exists x\forall y \sim Axy$
14. $\exists xyz((Rx\&(Cy\&Sxy))\&(Dz\&Lxz))$
15. $\exists x(Fx\&\forall y(Hy \rightarrow Sxy))$
16. $\exists x(Fx\&\forall y(My \rightarrow Sxy))$
17. $\exists x(Wx\&\forall y(Fy\&Exy \rightarrow My))$
18. $\exists x(Wx\&\forall y(Fy\&My \rightarrow \sim Exy))$
19. $\exists xy((My\&Fy)\&Exy) \rightarrow \forall x(Sx \rightarrow \exists y((My\&Fy)\&Exy))$
20. $\forall x(\exists y(Cy\&Sxy) \rightarrow Ax)$

(C)

1. $\exists x(Cx\&\forall y(Cy \rightarrow y = x))$
2. $\exists x\ x = p$
3. $\exists xy(((Tx\&Ty)\&x \neq y)\&(Ebx\&Eby))$
4. $\forall x(x \neq b \rightarrow Exb)\& \sim Ebb$
5. $\forall x(Dx \rightarrow \exists y((Ty\&Byx)\&\forall z(Tz\&Bzx \rightarrow y = z))$

연습문제 Ⅱ-2

1. (1)

①	$\sim((\forall_x) \sim P_x \supset (\forall_x)(P_x \supset Q_x))$	
	|	$\sim\supset$-제거①
②	$(\forall_x) \sim P_x$	
③	$\sim(\forall_x)(P_x \supset Q_x)$	
	|	$\sim\forall$-제거③
④	$\sim(P_a \supset Q_a)$	
	|	$\sim\supset$-제거④
⑤	P_a	
⑥	$\sim Q_a$	
	|	$\forall$-제거②
⑦	$\sim P_a$	
	×	

(2)

① $\sim((\exists_x)(A_x \supset B_x) \supset ((\forall_x)A_x \supset (\exists_x)B_x))$

| ~⊃-제거①

② $(\exists_x)(A_x \supset B_x)$

③ $\sim((\forall_x)A_x \supset (\exists_x)B_x))$

| ~⊃-제거③

④ $(\forall_x)A_x$

⑤ $\sim(\exists_x)B_x$

| ∃-제거②

⑥ $A_a \supset B_a$

⊃-제거⑥

⑦ $\sim A_a$ $\qquad$ B_a

∀-제거④ | $\qquad$ | ~∃-제거⑤

⑧ A_a $\qquad$ $\sim B_a$

× $\qquad$ ×

(3)

① $\sim(((\forall_x)A_x \supset (\exists_x)B_x) \supset (\exists_x)(A_x \supset B_x))$

| ~⊃-제거①

② $((\forall_x)A_x \supset (\exists_x)B_x)$

③ $\sim(\exists_x)(A_x \supset B_x)$

⊃-제거②

④ $\sim(\forall_x)A_x$ $\qquad$ $(\exists_x)B_x$

~∀-제거④ | $\qquad$ | ∃-제거④

⑤ $\sim A_a$ $\qquad$ B_a

| $\qquad$ | ~∃-제거③

⑥ $\sim(A_a \supset B_a)$ $\qquad$ $\sim(A_a \supset B_a)$

| $\qquad$ | ~⊃-제거⑥

⑦ A_a $\qquad$ A_a

⑧ $\sim B_a$ $\qquad$ $\sim B_a$

× $\qquad$ ×

2. (1)

① $(\forall_x)(F_x \supset \sim G_x)$

② $(\forall_x)(F_x \wedge H_x)$

③ $\sim(\exists_x)\sim G_x$

|

④ $F_a \supset \sim G_a$

⑤ $\sim F_a$ $\qquad$ $\sim G_a$

⑥ $F_a \wedge H_a$ $\qquad$ $F_a \wedge H_a$

⑦ F_a $\qquad$ F_a

⑧ H_a $\qquad$ H_a

⑨ × $\qquad$ $\sim\sim G_a$

⑩ $\qquad$ ×

(2)

①	$(\exists_x)F_{xb} \supset (\forall_x)G_x$	
②	$(\forall_x)F_{ax}$	
③	$\sim(\forall_x)(H_{xc} \supset G_x)$	
④	$\sim(\exists_x)F_{xb}$	$(\forall_x)G_x$
⑤	$\sim(H_{dc} \supset G_d)$	$\sim(H_{dc} \supset G_d)$
⑥	H_{dc}	H_{dc}
⑦	$\sim G_d$	$\sim G_d$
⑧	F_{ab}	G_d
⑨	$\sim F_{ab}$	×
	×	

(3)

①	$(\exists_x)F_x$	
②	$(\exists_x)G_x$	
③	$\sim(\exists_x)((\exists_y)F_y \wedge G_x)$	
④	F_a	
⑤	G_b	
⑥	$\sim(\exists_y)F_y \wedge G_b$	
⑦	$\sim(\exists_y)F_y$	$\sim G_b$
⑧	$\sim F_a$	×
	×	

(4)

①	$(\forall_x)(\exists_y)(F_{xy} \supset G_{bx})$	
②	$(\forall_x)(\forall_y)F_{yx}$	
③	$\sim(\exists_x)G_{xx}$	
④	$(\exists_y)F_{by} \supset G_{bb}$	
⑤	$\sim(\exists_y)F_{by}$	G_{bb}
⑥	$\sim F_{bc}$	$\sim G_{bb}$
⑦	$(\forall_y)F_{yc}$②	×
⑧	F_{bc}	
	×	

4행에서 보편양화사를 제거할 때 a가 아니고 b를 선택한 것은 G_{bb}를 얻기 위해서인데, 이는 물론 3행을 염두에 둔 것이다.

(5)

①	$(\exists_x)F_x \wedge (\forall_x)G_x$	
②	$\sim(\exists_x)(F_x \wedge G_x)$	
③	$(\exists_x)F_x$	
④	$(\forall_x)G_x$	
⑤	F_a	
⑥	G_a	
⑦	$\sim(F_a \wedge G_a)$	
⑧	$\sim F_a$ ×	$\sim G_a$ ×

연습문제 Ⅱ-3

1. (1)

1	$(\forall_x)(Q_a \supset P_x)$	가정
2	Q_a	반복(2)
3	Q_a	반복(1)
4	$(\forall_x)(Q_a \supset P_x)$	∀-제거(4)
5	$Q_a \supset P_b$	⊃-제거(3, 5)
6	P_b	∀-도입(6)
7	$(\forall_x)P_x$	⊃-도입(2, 7)
8	$Q_a \supset (\forall_x)P_x$	

(2)

1	$Q_a \supset (\forall_x)P_x$	
2	Q_a	가정
3	Q_a	반복(2)
4	$Q_a \supset (\forall_x)P_x$	반복(1)
5	$(\forall_x)P_x$	⊃-제거(3, 4)
6	P_b	∀-제거(5)
7	$Q_a \supset P_b$	⊃-도입(2, 6)
8	$(\forall_x)(Q_a \supset P_x)$	∀-도입(7)

(3)

1	$(\exists_x)(P_x \supset Q_a)$	
2	$(\forall_x)P_x$	가정
3	$(\exists_x)(P_x \supset Q_a)$	반복(1)
4	$P_b \supset Q_a$	∃-제거(3)
5	$(\forall_x)P_x$	반복(2)
6	P_b	∀-제거(5)
7	Q_a	⊃-제거(4, 6)
8	$(\forall_x)P_x \supset Q_a$	⊃-도입(2, 7)

(4)

1	$(\forall_x)(A_x \supset B_x)$	
2	$(\forall_x)\sim B_x$	
3	$(\exists_x)A_x$	가정
4	$(\exists_x)A_x$	반복(3)
5	Aa	∃-제거(4)
6	$(\forall_x)(A_x \supset B_x)$	반복(1)
7	$A_a \supset B_a$	∀-제거(6)
8	B_a	⊃-제거(5, 7)
9	$(\forall_x)\sim B_x$	반복(2)
10	$\sim B_x$	∀-제거(9)
11	$\sim(\exists_x)A_x$	~-도입(3, 8, 10)

(5)

1	$(\exists_x)P_x$	
2	$(\exists_x)Q_x$	
3	$(\exists_x)P_x$	반복(1)
4	P_a	∃-제거(3)
5	$(\exists_x)Q_x$	반복(2)
6	Q_b	∃-제거(5)
7	$P_a \wedge Q_b$	∧-도입(4, 6)
8	$(\exists_y)(P_a \wedge Q_y)$	∃-도입(7)
9	$(\exists_x)(\exists_y)(P_x \wedge Q_y)$	∃-도입(8)

(6)

1	$\sim(\forall_x)(A_x \supset B_x)$	
2	$\sim(\exists_x)(A_x \wedge \sim B_x)$	가정
3	A_a	가정
4	$\sim B_a$	가정
5	A_a	반복(3)
6	~Ba	반복(4)
7	$A_a \wedge \sim B_a$	∧-도입(5, 6)
8	$(\exists_x)(A_x \wedge \sim B_x)$	∃-도입(7)
9	$\sim(\exists_x)(A_x \wedge \sim B_x)$	반복(2)
10	$\sim\sim B_a$	~-도입(4, 8, 9)
11	B_a	~-제거(10)
12	$A_a \supset B_a$	⊃-도입(3, 11)
13	$(\forall_x)(A_x \supset B_x)$	∀-도입(12)
14	$\sim(\forall_x)(A_x \supset B_x)$	반복(1)
15	$\sim\sim(\exists_x)(A_x \wedge \sim B_x)$	~-도입(2, 13, 14)
16	$(\exists_x)(A_x \wedge \sim B_x)$	~-제거(15)

연습문제 Ⅱ-4

1. ((λx.(x y))(λz.z))

   = [(λz.z)\x](x y)

   = ((λz.z)y)

   = [y/z]z

   = y

2. ((λx.((λy.(x` y))x))(λz.w))

   = [(λz.w)\x]((λy.(x y))x))

   = (λy.((λz.w)y))(λz.w)

   = [(λz.w)\y]((λz.w)y)

   = (λz.w)(λz.w)

   = [(λz.w)\z]w

   = w

3. ((((λf.(λg.(λx.((fx)(g x)))))(λm.(λn.(n m))))(λn.z))p)

   = (([(λm.(λn.(n m)))\f](λg.(λx.((f x)(g x))))(λn.z))p)

   = (((λg.(λx.(((λm.(λn.(n m)))x)(g x))))(λn.z))p)

   = ([(λn.z)\g](λx.(((λm.(λn.(n m)))x)(g x)))p)

   = ((λx.(((λm.(λn.(n m)))x)((λn.z)x)))p)

   = ((λx.(((λm.(λn.(n m)))x)[x\n]z))p)

   = ((λx.([x\m](λn.(n m))z))p)

   = ((λx.((λn.(n x))z))p)

   = ((λx.[z\n](n x))p)

   = ((λx.(z x))p)

   = [p\x](z x)

   = (z p)

4. $((\lambda f.((\lambda g.((f\ f)g))(\lambda h.(k\ h))))(\lambda x.(\lambda y.y)))$

$$= [(\lambda x.(\lambda y.y))\backslash f]((\lambda g.((f\ f)g))(\lambda h.(k\ h)))$$
$$= ((\lambda g.(((\lambda x.(\lambda y.y))(\lambda x.(\lambda y.y)))g))(\lambda h.(k\ h)))$$
$$= [(\lambda h.(k\ h))\backslash g](((\lambda x.(\lambda y.y))(\lambda x.(\lambda y.y)))g)$$
$$= (((\lambda x.(\lambda y.y))(\lambda x.(\lambda y.y)))(\lambda h.(k\ h)))$$
$$= ([(\lambda x.(\lambda y.y))\backslash x](\lambda y.y)(\lambda h.(k\ h)))$$
$$= ((\lambda y.y)(\lambda h.(k\ h)))$$
$$= [(\lambda h.(k\ h))\backslash y]y$$

5. 먼저 속박 변항을 재명명하는 데서부터 시작한다.

$$\begin{aligned}((\lambda f.\lambda x.z+f(x))(\lambda z.z+x))z &= ((\lambda f.\lambda x'.z+f(x'))(\lambda z'.z'+x))z \\ &= ([(\lambda z'.z'+x)/f](\lambda x'.z+f(x')))z \\ &= (\lambda x'.z+(\lambda z'.z'+x)(x'))z \\ &= (\lambda x'.z+x'+x)z \\ &= z+z+x\end{aligned}$$

6. $((\lambda f.\lambda x.x+(fx))((\lambda z.z-2))((\lambda h.h+2)3)$

$$\rightarrow ([(\lambda z.z-2)/f](\lambda x.x+f(x)))((\lambda h.h+2)3)$$
$$\rightarrow (\lambda x.x+(\lambda z.z-2)(x))((\lambda h.h+2)3)$$
$$\rightarrow [((\lambda h.h+2)3)/x](x+(\lambda z.z-2)(x))$$
$$\rightarrow ((\lambda h.h+2)3)+(\lambda z.z-2)((\lambda h.h+2)3)$$
$$= ((\underline{\lambda h.h+2})3)+(\lambda z.z-2)((\lambda h'.h'+2)3) \quad \text{(재명명)}$$
$$\rightarrow ([3/h](h+2))+(\lambda z.z-2)((\lambda h'.h'+2)3)$$
$$\rightarrow (3+2)+(\underline{\lambda z.z-2})((\lambda h'.h'+2)3)$$
$$\rightarrow (3+2)+[((\lambda h'.h'+2)3)/z](z-2)$$
$$\rightarrow (3+2)+(((\underline{\lambda h.h+2})3)-2)$$
$$\rightarrow (3+2)+(([3/h](h+2))-2)$$
$$\rightarrow (3+2)+((3+2)-2)$$

7. $(\lambda x.((\lambda f.\lambda g.g+f(x))(\lambda z.z+x))((\underline{\lambda h.h+h})3))8$

$\rightarrow (\underline{\lambda x.((\lambda f.\lambda g.g+f(x))(\lambda z.z+x))(3+3)})8$

$\rightarrow ((\underline{\lambda f.\lambda g.g+f(8)})(\lambda z.z+8))(3+3)$

$\rightarrow ((\lambda g.g+(\underline{\lambda z.z+8})(8)))(3+3)$

$\rightarrow ((\underline{\lambda g.g+(8+8)})(3+3)$

$\rightarrow (3+3)\ +\ (8+8)$

제 2 부 (인문수학편)

연습문제 I

1. ① $A \subset B \underset{df}{=} (x \in A \rightarrow x \in B)$

   따라서 x는 A와 B 동시에 속한다. 즉 $x \in A \cap B$

   $x \in A$일 때 $x \in A \cap B$이면 $A \subset A \cap B$

   그런데 $A \cap B \subset A$이므로 $A \cap B = A$

   $(\because A = B \underset{df}{=} A \subset B$ 그리고 $B \subset A)$

   역으로, 만일 $A \cap B = A$라면, $A \subset A \cap B$. 그러나 $A \cap B \subset B$, 따라서 $A \subset B$

2. $(A \cup B)^c = \{ x \mid x \notin A \cup B \}$
   $= \{ x \mid x \notin A, x \notin B \}$
   $= \{ x \mid x \in A^c, x \in B^c \}$
   $= A^c \cap B^c$

3. $A \cap (B \cup C) = \{ x \mid x \in A \wedge x \in (B \cup C) \}$
   $= \{ x \mid x \in A \wedge (x \in B \vee x \in C) \}$
   $= \{ x \mid (x \in A \wedge x \in B) \vee (x \in A \wedge x \in C) \}$
   $= \{ x \mid x \in A \cap B \vee x \in A \cap C \}$
   $= (A \cap B) \cup (A \cap C)$

4. (1) $\{0\}$

   (2) $[0, 1]$

5. ① $(\rightarrow)$ $x \in B \cup (\bigcap_{i \in I} Ai)$라 하자.

   $x \in B$ 또는 모든 $i \in I$에 대해 $x \in Ai$. 모든 $i \in I$에 대해, $x \in (B \cup Ai)$

   $Ci = B \cup Ai$라 놓으면 모든 $i \in I$에 대해 $x \in Ci$, 즉 $x \in \bigcap_{i \in I} Ci$

   ② $(\leftarrow)$ $y \in \bigcap_{i \in I} (B \cup Ai)$라면 $y \in B$ 또는 모든 $i \in I$에 대해 $y \in Ai$

   $y \in B \cup (\bigcap_{i \in I} Ai)$

6. ① $x \in (\bigcup_{i \in I} Ai)' \Leftrightarrow x \notin \bigcup_{i \in I} Ai$
   $\Leftrightarrow \forall_{i \in I}, x \notin Ai$
   $\Leftrightarrow \forall_{i \in I}, x \in A'i$
   $\Leftrightarrow x \in \bigcap_{i \in I} A'i$

7. $x \in \bigcap_{i \in I} Ai$면 모든 $i \in I$에 대해 $x \in Ai$ 특히 $x \in Ai_o$ 그러므로 $\bigcap_{i \in I} Ai \subset Ai_o$ y가 Ai_o에 속한다고 할 때 $i_o \in I$이므로 $y \in \bigcup_{i \in I} Ai$. 따라서 $Ai_o \subset \bigcup_{i \in I} Ai$

연습문제 II

1. (1) ① 먼저 $(x, y)\in A\times(B\cup C)$라 하면 $x\in A$ 그리고 $y\in B\cup C$ 만일 $y\in B$이면 $(x, y)\in A\times B$; $y\in C$이면 $(x, y)\in A\times C$ 어느 경우이든지 $(x, y)\in(A\times B)\cup(A\times C)$ 따라서 $A\times(B\cup C)\subseteq(A\times B)\cup(A\times C)$

   ② 역으로 $(x, y)\in(A\times B)\cup(A\times C)$라 하자. 만일 $(x, y)\in A\times B$이면 $x\in A$ 그리고 $y\in B$ 그래서 $y\in B\cup C$. 따라서 $(x, y)\in A\times(B\cup C)$ 만일 $(x, y)\in A\times C$이면 $x\in A$. 그리고 $y\in B\cup C$ 다시 한번 $(x, y)\in A\times(B\cup C)$. 따라서 $(A\times B)\cup(A\times C)\subseteq A\times(B\cup C)$

   (2) $A\times(B\cap C) = \{\langle x, y\rangle : x\in A,\ y\in B\cap C\}$
   $= \{\langle x, y\rangle : x\in A,\ y\in B,\ y\in C\}$
   $= \{\langle x, y\rangle : \langle x, y\rangle\in A\times B,\ \langle x, y\rangle\in A\times C\}$
   $= (A\times B)\cap(A\times C)$

2. $(S\circ R)^{-1} = \{\langle z, x\rangle : \langle x, z\rangle\in S\circ R\}$
   $= \{\langle z, x\rangle : \exists y\in Y$ t.q. $\langle x, y\rangle\in R,\ \langle y, z\rangle\in S\}$
   $= \{\langle z, x\rangle : \exists y\in Y$ t.q. $\langle z, y\rangle\in S^{-1},\ \langle y, x\rangle\in R^{-1}\}$
   $= R^{-1}\circ S^{-1}$

3. $(T\circ S)\circ R = \{\langle w, z\rangle : \exists x\in X$ t.q. $\langle w, x\rangle\in R,\ \langle x, z\rangle\in T\circ S\}$
   $= \{\langle w, z\rangle : \exists x\in X\ \exists y\in Y$ t.q. $\langle w, x\rangle\in R,\ \langle x, y\rangle\in S,\ \langle y, z\rangle\in T\}$
   $= \{\langle w, z\rangle : \exists y\in Y$ t.q. $\langle w, y\rangle\in S\circ R,\ \langle y, z\rangle\in T\}$
   $= T\circ(S\circ R)$

4. (1) 대각선의 정의를 상기하자. : $\triangle_A = \{\langle a, a\rangle : a\in A\}$ R은 모든 $a\in A$에 대해 $\langle a, a\rangle\in R$일 때 재귀적이다. 즉 $\triangle_A\subset R$

   (2) 이 명제는 어떤 관계의 대칭과 R^{-1}의 정의에 대한 즉각적인 귀결이다.

   (3) $\langle a, c\rangle\in R\circ R$이라고 하면, $\langle a, b\rangle\in R$이고 $\langle b, c\rangle\in R$인 어떤 $b\in A$가 있다. 전이성에 의해 $\langle a, b\rangle, \langle b, c\rangle\in R$은 $\langle a, c\rangle\in R$을 가져온다. 따라서 $R\circ R\subset R$ 반대로 $R\circ R\subset R$을 가정하자. 만일 $\langle a, b\rangle, \langle b, c\rangle\in R$이면 $\langle a, c\rangle\in R\circ R\subset R$ 즉 R은 전이적이다.

5. $V\circ U = \{\langle x, y\rangle : x^2 + y = 2\}$
   $U\circ V = \{\langle x, y\rangle : 4x^2 - 12x + 2y + 4 = 0\}$

6. (1) R이 재귀적이므로 모든 $a\in A$에 대해 $\langle a, a\rangle\in R$. 따라서 $a\in[a]$

   (2) $\langle a, b\rangle\in R$이라고 하고 $[a] = [b]$ 임을 보이면 된다.
   $x\in[b]$라고 하면 $\langle b, x\rangle\in R$. 가정에 의해 $\langle a, b\rangle\in R$. R의 전이성에 의해 $\langle a, x\rangle\in R$. 따라서 $x\in[a]$, 즉 $[b]\subset[a]$.
   $[a]\subset[b]$를 보이기 위해 $\langle a, b\rangle\in R$은 $\langle b, a\rangle\in R$을 가져온다. 앞에서와 유사한 추론에 의해 $[a]\subset[b]$ 결국 $[a] = [b]$.
   역으로, 만일 $[a] = [b]$이면 R의 재귀성에 의해 $b\in[b] =\{b\}$ 즉 $\langle a, b\rangle\in R$

7. i. [{a, b, c, d}]
   ii. [{a}, {b, c, d}], [{b}, {a, c, d}]
   [{c}, {a, b, d}], [{d}, {a, b, c}]]∈
   [{a, b}, {c, d}], [{a, c}, {b, d}]
   [{a, d}, {b, c}]
   iii. [{a}, {b}, {c, d}], [{a}, {c}, {b, d}]
   [{a}, {d}, {b, c}], [{b}, {c}, {a, d}]
   [{b}, {d}, {a, c}], [{c}, {d}, {a, b}]
   iv. [{a}, {b}, {c}, {d}]

8. {a, c, d}, {b, e}
   {a, b, c}나 {d, e}는 전순서부분집합이 아니다.

9. (1) {1, 2, 3}
   (2) {6, 8}
   (3) Sup(B) = 3
   (4) Inf(B) = 6

10. R : x가 y의 약수 $x \leq y$

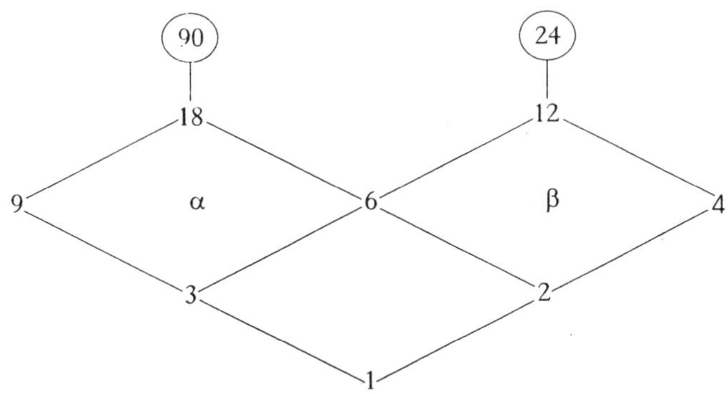

(1) Maj(B) = {12, 24}
Sup(B) = {12}

(2) Min(B) = {6, 3, 2, 1}
Inf(B) = {6}

(3) Maj(B) = {18, 90}
Sup(B) = {18}

(4) Min(B) = {3, 1}
Inf(B) = {3}

연습문제 III

1. ①

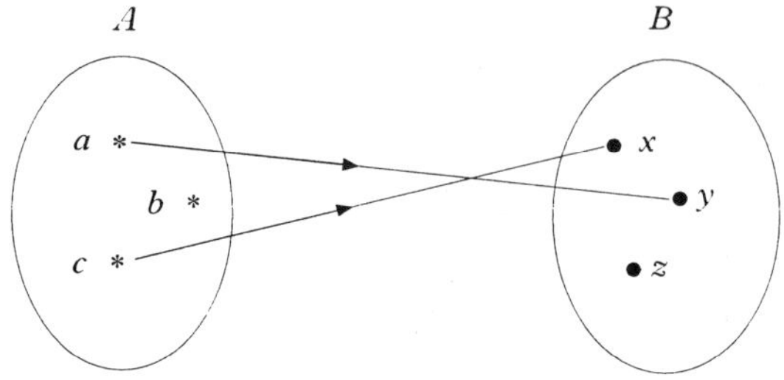

b∈A가 상이 없다.

②

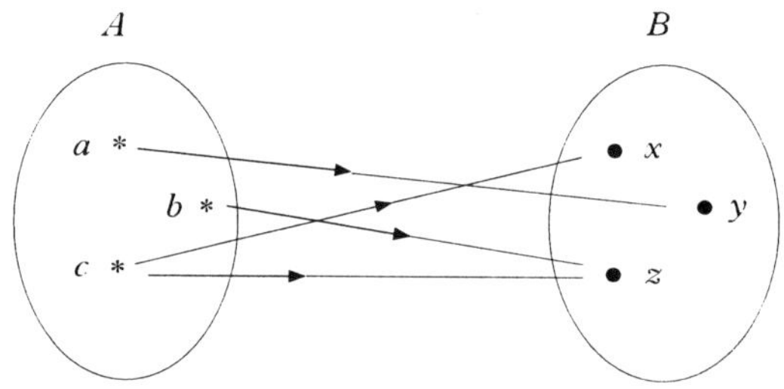

c∈A에 두 개의 상 x, z가 있다.

2. 2^3=8가지 함수

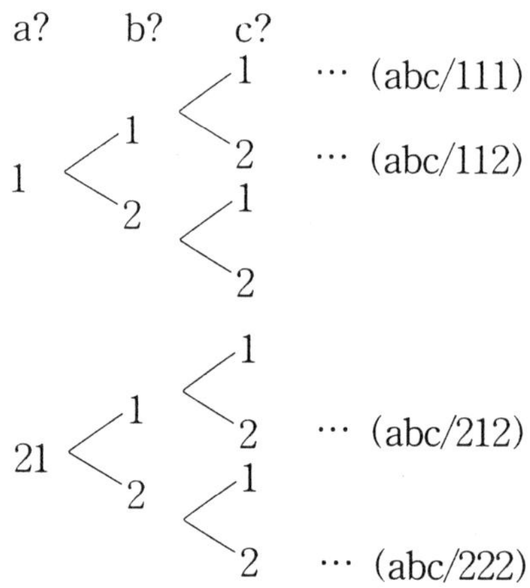

3. (1) {5, -5}
   (2) ∅
   (3) {0}
   (4) [2, 5] ∪ [-5, -2]

4. (1) 먼저 f[A∪B]⊂f[A]∪f[B]를 증명하자.
   어떤 y∈f[A∪B]는 ∃x∈A∪B를 의미하고 f(x) = y. 따라서 x∈A 또는 x∈B. 그런데 x∈A는 f(x) = y∈f[A]를 함축하고 x∈B는 f(x) = y∈f[B]를 함축한다. 따라

서 $y \in f[A] \cup f[B]$.

역으로 $f[A] \cup f[B] \subset f[A \cup B]$를 증명하자.

어떤 $y \in f[A] \cup f[B]$라 하면 $y \in f[A]$ 또는 $y \in f[B]$

$y \in f[A]$는 $f(x) = y$가 되는 $\exists x \in A$를 함축하고, $y \in f[B]$는 $f(x) = y$가 되는 $\exists x \in B$를 함축한다. 어느 경우이든 $y = f(x)$이고 $x \in A \cup B$. 즉 $u \in f[A \cup B]$이다.

(2) $y \in f[A \cap B]$라 하면 어떤 $x \in A \cap B$에 대해 $y = f(x)$, $x \in A$이므로 $f(x) \in f(A)$, 또 $x \in B$이므로 $f(x) \in f(B)$ 따라서 $f(x) \in f(A) \cap f(B)$. 따라서 $f(A \cap B) \subset f(A) \cap f(B)$

(3) $b \in f(A) - f(B)$라 하면 $b \in f(A)$이고 $b \in f(B)$이므로 A에 속하나 B에 속하지 않는 원소 a에 대해 $b = f(a)$. 따라서 $b \in f(A - B)$가 성립하고 그러므로 $f(A) - f(B) \subset f(A - B)$

(4) $a \in A$이면 $a \in B$이므로 $f(a) \in f(B)$. 따라서 $f(A) \subset f(B)$

5. $g \circ f = \{(1, 1), (2, 3), (3, 1), (4, 4), (5, 1)\}$

$f \circ g = \{(1, 1), (2, 3), (3, 3), (4, 5), (5, 3)\}$

6. $(f^{1} \circ g^{1}) \circ (g \circ f) = IA$,

$(g \circ f) \circ (f^{1} \circ g^{1}) = I_B$ 임을 보이면 된다.

$$\begin{aligned}(f^{1} \circ g^{1}) \circ (g \circ f) &= f^{1} \circ (g^{1} \circ (g \circ f)) \\ &= f^{1} \circ ((g^{1} \circ g) \circ f) \\ &= f^{1} \circ (I_B \circ f) \\ &= I_A,\end{aligned}$$

$$\begin{aligned}(g \circ f) \circ (f^{1} \circ g^{1}) &= g \circ (f \circ (f^{1} \circ g^{1})) \\ &= g \circ ((f \circ f^{1}) \circ g^{1}) \\ &= g \circ (I_A \circ g^{1}) \\ &= g \circ g^{1} \\ &= I_B\end{aligned}$$

연습문제 IV

1. P(n)을 $2^{2n} - 1$로 놓고 이것이 3으로 나뉘어짐을 보이면 된다.

① 귀납출발 : 3은 3으로 나뉘어지는 고로 P(1)은 참이다.

② 귀납가정 : P(n)이 참임을 가정하자.

③ 귀납단계 : $2^{2n+2} - 1$이 3으로 나뉘어짐을 보이면 된다.

$$\begin{aligned}2^{2n+2} - 1 &= 2^{2n}(4) - 1 \\ &= 2^{2n}(3 + 1) - 1 \\ &= 2^{2n} \cdot 3 + (2^{2n} - 1) \\ &= 2^{2n} \cdot 3 + P(n)\end{aligned}$$

2. $n \geq 4$에 대해 $S(n) = n! - 2^n$이라 하고 $S(n) > 0$을 보이면 된다.

① 귀납출발 : $S(4) = 4! - 2^4 = 8 > 0$

② 귀납가정 : S(n)이 참임을 가정하자.

③ 귀납단계 : $S(n+1)>0$임을 보이면 된다.

$$\begin{aligned} S(n+1) &= (n+1)! - 2^{n+1} \\ &= (n+1)n! - 2^{n}(1+1) \\ &= n! - 2^{n} + n^{n}! - 2^{n} \\ &> 2(n! - 2^{n}) = 2S(n) \\ &> 0 \end{aligned}$$

3. $S(n) = (1+h)^n - (1+nh)$라 하고 $n \geq 0$에 대해 $S(n) \geq 0$임을 보이면 된다.

① 귀납출발 : $S(0) = (1+h)^0 - (1+0h) = 0$

즉, $S(0)$은 참

② 귀납가정 : $S(n)$이 참임을 가정하자.

③ 귀납단계 : $S(n+1) \geq 0$임을 보이자.

$$\begin{aligned} S(n+1) &= (1+h)^{n+1} - (1+(n+1)h) \\ &= (1+h)(1+h)^n - nh - 1 - h \\ &\geq (1+h)(1+nh) - nh - 1 - h \\ &= nh^2 \\ &\geq 0 \end{aligned}$$

4. $P(n)$을 증명해야 할 명제라고 하자.

① $P(1)$때 성립함을 즉각 알 수 있다.

$$1^2 = \frac{1}{6} \times 1 \times (1+1)(2 \times 1+1) = 1$$

② $P(k)$가 참임을 가정하자.

$$1^2 + 2^2 + \cdots + k^2 = \frac{1}{6}k(k+1)(2k+1)$$

③ $P(k+1)$이 성립함을 보이면 된다.

$$\begin{aligned} 1^2 + 2^2 + \cdots + k^2 + (k+1)^2 &= \frac{1}{6}k(k+1)(2k+1) + (k+1)^2 \\ &= \frac{1}{6}(k+1)((k+1)+1)(2(k+1)+1) \end{aligned}$$

따라서 모든 n에 대해 $P(n)$이 성립.

5. $P(n)$을 증명해야 할 명제라고 하면,

① $P(1)$은 참, 즉 $3^2 - 2$는 7로 나뉘어진다.

② $P(k)$가 어떤 N에 대해 참이라고 가정하자.

$3^{2k} - 2^k = 7 \times N$

③ $P(k+1)$이 참임을 보이면 된다.

$$\begin{aligned} 3^{2(k+1)} - 2^{(k+1)} &= 3^2(3^{2k} - 2^k) + 3^2 \times 2^k - 2^{k+1} \\ &= 3^2(3^{2k} - 2^k) + 7 \times 2^k \\ &= 7 \times (3^2 \times N + 2^k) \end{aligned}$$

따라서 모든 n에 대해 성립.

연습문제 V

1. E : 두 번 모두 실패

   A : 복습함

   B : 복습하지 않음

   $P_A(E) = (0.2)^2 = 0.04$

   $P_B(E) = (0.6)^2 = 0.36$

   두 번 연속 실패한 학생이 복습했을 확률은 0.5

   $P(A) = P(B) = 0.5$

   $$P_E(A) = \frac{P_A(E)P(A)}{P_A(E)P(A) + P_B(E)P(B)} = 0.1$$

   즉 두 번 실패한 학생이 복습했을 확률은 0.1이고 복습하지 않았을 확률은 0.9이다. 만일 이 학생이 복습을 했다고 주장하면, 이 주장은 신빙성이 없다는 말이다.

2. T : 직원이 결근한 사건

   B_1 : A조의 직원

   B_2 : B조의 직원

   B_3 : C조의 직원

   문제에서 주어진 사항

   P($T|B_1$) = 4% P(B_1) = 80%

   P($T|B_2$) = 8% P(B_2) = 10%

   P($T|B_3$) = 22% P(B_3) = 10%

   $$P(B_1|T) = \frac{P(T|B_1)P(B_1)}{P(T|B_1)P(B_1) + P(T|B_2)P(B_2) + P(T|B_3)P(B_3)}$$

   $$= \frac{0.04 \times 0.8}{0.04 \times 0.8 + 0.08 \times 0.1 + 0.22 \times 0.1} = 0.51613$$

3. 두 개의 가정을 설정하면,

   H_1 : 첫째 항아리에서 꺼내기

   H_2 : 둘째 항아리에서 꺼내기

   여기에서 P(H_1) = P(H_2) = 0.5

   D를 흰공을 꺼내는 사건이라 할 적에,

   첫째 항아리에서 꺼낼 확률 $P(D|H_1) = \frac{30}{40} = 0.75$

   둘째 항아리에서 꺼낼 확률 $P(D|H_2) = \frac{20}{40} = 0.5$

   Bayes 정리를 이용하면,

   $$P(H_1|D) = \frac{P(H_1)P(D|H_1)}{P(H_1)P(D|H_1) + P(H_2)P(D|H_2)} = 0.6$$

꺼내기 전에 P(H_1)=50%였으나, 꺼내서 공의 색깔을 확인한 후 P($H_1|D$)는 60%가 된다.

4. ① P(m_1) = 정상적 기계를 택할 확률

P(m_2) = 조작된 기계를 택할 확률

P(m_1) = P(m_2) = 0.5

내가 땄을 때 조작된 기계일 확률 P(m_2|승)은,

$$\frac{P(m_2)P(승|m_2)}{P(m_2)P(승|m_2)+P(m_1)P(승|m_1)} = \frac{\frac{1}{2}\times 0.6}{\frac{1}{2}\times 0.6+\frac{1}{2}\times 0.2} = 0.75$$

반대의 사건 P(m_1|승) = 1-0.75 = 0.25

② $P(m_2|패) = \dfrac{\frac{1}{2}\times 0.4}{\frac{1}{2}\times 0.4+\frac{1}{2}\times 0.8} = 0.33$

그 반대의 사건 즉 P(m_1|패) = 1.033 = 0.67

③ 첫 번째에 땄을 새로운 사건 확률은 각각 0.75와 0.25이다.

$$\frac{(0.75)(0.6)}{(0.75)(0.6)+(0.25)(0.2)} = 0.9$$

따라서 두 번 연속 땄을 때 조작된 기계일 확률은 90%이다.

④ 첫 번째 잃었다면, 새로운 사건 확률은 각각 0.33과 0.67

$$\frac{(0.33)(0.4)}{(0.33)(0.4)+(0.67)(0.8)} = 0.2$$

두 번 연속 잃었을 때 조작된 기계일 확률은 20%밖에 안된다.

⑤ 이기고 진 경우

$$\frac{(0.75)(0.4)}{(0.75)(0.4)+(0.25)(0.8)} = 0.6$$

지고 이긴 경우

$$\frac{(0.33)(0.6)}{(0.33)(0.6)+(0.67)(0.2)} = 0.6$$

이는 자연스런 귀결이다.

찾아보기

정 계 섭

육군사관학교 졸업(이학사)
서울대 문리대 불어불문학과(문학사)
Besançon대학교(일반언어학 석사)
Paris 제7대학(일반언어학 박사)
Sorbonne대학교 방문교수
현재 : 덕성여자대학교 불어불문학과 교수

명석 · 판명한 정신 : 논리와 수학

2007년 2월 24일 초판 인쇄
2007년 3월 2일 초판 발행

저 자 / 정계섭
발행자 / 오판근
발행처 / 교우사

주 소 / 서울 동대문구 제기2동 148-19
전 화 / 925-2861, 929-4865
팩 스 / 925-2860
E-mail / kw2861 @ chollian. net
http: // www. kyowoo. co. kr
등록 / 1994. 3. 24 제6-0256호

ISBN 978-89-8172-665-2 (93410)
값 **13,000**원